W0255518

METHODEN ZUR CHEMISCHEN ANALYSE
VON GUMMIMISCHUNGEN

# METHODEN ZUR CHEMISCHEN ANALYSE VON GUMMIMISCHUNGEN

VON

## HORST E. FREY

ZWEITE NEUBEARBEITETE AUFLAGE

MIT EINEM BEITRAG VON

### K. E. KRESS †

MIT 26 ABBILDUNGEN

SPRINGER-VERLAG BERLIN HEIDELBERG GMBH 1960

ISBN 978-3-662-12488-8      ISBN 978-3-662-12487-1 (eBook)
DOI 10.1007/978-3-662-12487-1

# Vorwort zur zweiten Auflage

Vor vier Jahren hat der Verlag mitgeteilt, daß eine zweite Auflage der „Methoden" ausgearbeitet werden soll. Aus Zeitmangel war dies erst jetzt möglich. Das nun vorliegende Bändchen stellt eine ergänzte und etwas erweiterte Form der ersten Auflage dar; einige Kapitel wurden völlig neu verfaßt. Die ursprünglich gewählte konzentrierte Form hat sich als praktisch erwiesen und wurde beibehalten.

Das Büchlein erhebt keinen wissenschaftlichen Anspruch, sondern soll lediglich eine Hilfe sein für Laboratoriumspersonal, welches Gummianalysen durchführt.

Herr Dr. R. Miksch (Metzeler Gummiwerke A. G., München) hat uns in großzügiger Weise zahlreiche wertvolle Anregungen gegeben, wofür wir ihm sehr zu Dank verpflichtet sind. Ebenso haben Herr Dr. Kolb und Mitarbeiter (Deutsche Dunlop Gummi Compagnie A. G., Hanau a. M.) sich die Mühe gemacht, das Büchlein durchzusehen und uns ihre Erfahrungen mit verschiedenen Methoden zur Verfügung gestellt, was uns gleichfalls zu großem Dank verpflichtet.

In Anbetracht der wachsenden Verbreitung von ultraviolett- und infrarot-spektrophotometrischen Verfahren erschien es notwendig, eine Einführung in dieses Arbeitsgebiet im Bereich der Analyse von Gummimischungen zu geben. Dies war möglich durch die freundliche Hilfe von Mr. K. E. Kress, der durch seine Originalarbeiten auf diesem Gebiet bekannt ist, und durch die bereitwillige Mithilfe von Mrs. F. G. Stevens-Mees im gleichen Laboratorium (The Firestone Tire & Rubber Company).

Chicago, Illinois (U.S.A.), im Frühjahr 1959

H. E. Frey

Jetzige Anschrift des Verfassers:
Standard Oil Company (Indiana), Research Laboratories, Whiting, Indiana

# Inhaltsverzeichnis

# A. Allgemeines

## a) Arbeitsbereich

Mit der vorliegenden Arbeit erhält der Kautschukanalytiker eine Sammlung von Analysenverfahren, die es ihm ermöglichen sollen, den meisten Anforderungen gerecht zu werden, die im Untersuchungslaboratorium besonders auf dem Gebiet der chemischen Analyse handelsüblicher Weichgummimischungen an ihn gestellt werden.

Manche Stoffe, die in der Gummiindustrie Verwendung finden, können jedoch auf Grund ihrer chemischen Zusammensetzung, ganz gleich, ob dieselbe bekannt oder unbekannt ist, in der Mischung nicht mehr eindeutig identifiziert werden, da keine entsprechende Analysenmethode bekannt ist. Das betrifft Weichmacher und Plastikatoren, gewisse Beschleuniger und Alterungsschutzmittel, aber unter Umständen auch Mineralien, die nach der Analyse einer Mischung nicht mehr in ihrer ursprünglichen Form erkannt werden können.

Prüfverfahren werden nicht behandelt, auch wenn sie in den chemisch-analytischen Aufgabenbereich fallen (Beständigkeit gegen Chemikalien, Alterung unter verschiedenen Einflüssen usw.). Um jedoch den Interessen des Gummitechnikers im Betrieb entgegen zu kommen, wurden die Analyse von „Stippen" mineralischer Füllstoffe, von Ausblühungen und die Identifizierung von rohem Kautschuk mit hereingenommen.

Wer mit diesem Büchlein arbeitet, dürfte mit den älteren Analysenverfahren für Gummimischungen vertraut sein; manches davon wird daher nur eben erwähnt, während anderes ganz vernachlässigt wurde, wie z. B. die Bestimmung wasserlöslicher Anteile, Cellulose-, Glycerin- und Stärkenachweis, Kohlensäurebestimmung usw.

Die Verbreitung von instrumentellen Methoden, besonders von infrarot- und ultraviolett-spektrophotometrischen Bestimmungen, hat uns veranlaßt, eine Einführung in dieses Arbeitsgebiet zuzufügen.

### b) Über die Methoden und ihre Anwendung

**Quellen.** Es wurden Verfahren aufgenommen, die, in der Originalliteratur verstreut, sich entweder im Laboratorium des jeweiligen Verfassers oder auch schon in weiterem Rahmen als brauchbar erwiesen haben.

Einige Verfahren der amerikanischen und britischen Standardmethoden wurden ganz oder teilweise übernommen oder besprochen; beide Systeme enthalten zum Teil modernes Material.

Verfahren, die von anderen Gebieten übernommen worden sind, wurden für die besonderen Anforderungen der Kautschukanalyse modifiziert und ergänzt, wo dies nötig war; Methoden die in ihrer jetzt vorliegenden Form noch nicht erprobt sind und evtl. noch weiter entwickelt werden müssen, sind mit entsprechenden Bemerkungen versehen.[1]

**Die „Übersicht".** Grundsätzlich sollte vor Benutzung der Methoden die jeweils vorangestellte „Übersicht" (bzw. „Vorbemerkungen") durchgesehen werden. Sie enthält oft Hinweise, deren Beachtung bei der Anwendung des einen oder anderen Verfahrens von Vorteil sein kann; überdies vermittelt die „Übersicht" — und darin besteht ihre eigentliche Aufgabe — eine Orientierung über Möglichkeiten, die außer den jeweils vorgeschlagenen Methoden noch bestehen.

**Teilanalyse, Orientierungsanalyse, Vollanalyse.** Je nach Art und Umfang der Anforderung, die in einem Falle an den Kautschukanalytiker gestellt wird, unterscheiden wir die Teilanalyse oder Einzelbestimmung, die Orientierungsanalyse, welche in einer Reihe von quantitativen und qualitativen Bestimmungen besteht und zusammen betrachtet, einen Überblick über Natur und Aufbau einer Mischung geben, und schließlich die Vollanalyse, die eine Erweiterung der Orientierungsanalyse darstellt und soviele Komponenten wie nur möglich quantitativ ermitteln soll.

*Teilanalysen* (Einzelbestimmungen), qualitativ oder quantitativ, dienen meist Kontrollzwecken. Da eben nur der eine Wert zu ermitteln ist, kann oft eine vereinfachte Arbeitsweise gewählt werden; grundsätzlich der kürzeste Weg. Das betrifft besonders Einzelbestimmungen mineralischer Füllstoffe. Im Betrieb hat man oft Anhaltspunkte über die Zusammensetzung der zu analysierenden Mischung und kann die Einzelbestimmung dann direkt vor-

---

[1] Während der Drucklegung erhielten wir W. C. WAKE's Buch "The Analysis of Rubber and Rubber-Like Polymers", Maclaren & Sons, Ltd., London, 1958. Dieses Werk enthält viel interessantes Material und stellt einen wichtigen Beitrag dar.

nehmen, ohne sich vorher durch qualitative Prüfungen über Natur und Aufbau der Probe erst orientieren zu müssen, wie dies bei unbekannten Mischungen der Fall ist. Letztere Aufgabe fällt der *Orientierungsanalyse* zu. Sie soll im Gegensatz zur Vollanalyse möglichst schnell, unter Umständen in einem Tage erledigt werden und über den Aufbau einer Mischung von bestimmten Gesichtspunkten her einen Überblick vermitteln. Mit anderen Worten: einige, möglichst wenige Komponenten werden quantitativ bestimmt; eine Anzahl anderer qualitativ. Tab. 1 enthält drei typische Beispiele. Sind bestimmte synthetische Kautschuktypen vorhanden, so wird sich das System sinngemäß etwas ändern.

Tabelle 1. *Drei Beispiele für Orientierungsanalysen*

| Einzelbestimmung | 1 | 2 | 3 |
|---|---|---|---|
| Identifizierung des Kautschuktyps . . . | q | q | q |
| Gehalt an polymerer Substanz . . . . . . | — | — | Q |
| Gesamtfüllstoffe . . . . . . . . . . . . . | — | — | Q |
| Acetonextrakt . . . . . . . . . . . . . . . | — | Q | — |
| Chloroformextrakt . . . . . . . . . . . . . | — | q | — |
| Unverseifbares . . . . . . . . . . . . . . | — | Q | — |
| Freier Schwefel . . . . . . . . . . . . . . | — | Q | — |
| Gesamtschwefel . . . . . . . . . . . . . . | Q | — | — |
| Glührückstand . . . . . . . . . . . . . . | Q | Q | Q |
| Analyse der mineralischen Bestandteile . . | Q | q | — |
| Ruß . . . . . . . . . . . . . . . . . . . . | Q | — | — |
| Beschleuniger und Alterungsschutzmittel . | — | q | — |

q = qualitative Analyse, Q = quantitative Analyse

Die *Vollanalyse* im eigentlichen Sinne des Wortes ist in der betrieblichen Praxis nur in seltenen Fällen von Bedeutung; was der Gummitechniker aus ihr ersehen will, kann er meistens genau so gut aus einer geschickten Kombination einiger Teilanalysen zu einer Orientierungsanalyse finden.

Die Standardmethoden (1—4) sind ihrer Anlage nach Systeme für Vollanalysen; sie enthalten ein Schema für den Analysenbericht [1] und definieren die darin benutzten Begriffe. Für die Änderung des Arbeits- und Berichtsschemas bei Mischungen synthetischer Kautschuktypen gilt hier dasselbe, was oben schon angedeutet wurde; das System ändert sich sinngemäß, d. h. z. B., daß bei einer Neoprenemischung Schwefelbestimmungen uninteressant sind, während eine Chlorbestimmung interessiert, oder daß bei einer Perbunanmischung eine Stickstoffbestimmung wünschenswert ist.

**Analysengang.** Die Kombination einzelner Verfahren zu einem Analysengang bleibt dem Analytiker selbst überlassen; es läßt sich schwerlich für jeden möglichen Fall ein Analysengang im voraus festlegen; hier können nur entsprechende Vorschläge für eine Anzahl von typischen Fällen unterbreitet werden. Dabei denken wir besonders an die quantitative Bestimmung der mineralischen Bestandteile. Es wird versucht, die Vor- und Nachteile der einzelnen Methoden so genau wie möglich anzugeben, um die Wahl zu erleichtern.

Im Analysenbericht sollte bei quantitativen Bestimmungen die Fehlerbreite der jeweils benutzten Methode mit angegeben werden.

### c) Nehmen und Zubereiten der Probe

Aufgrund der großen Verschiedenartigkeit von Gummiartikeln läßt sich ein allgemein gültiges Rezept hierfür nicht angeben. Sofern das Kautschuk enthaltende Material mit anderen Materialien, z. B. Textilgewebe, festhaftend verbunden ist, kann man durch Betupfen des Artikels mit einem geeigneten Lösungsmittel, z. B. Isooctan oder Toluol, das Ablösen erleichtern.

Wenn die Möglichkeit besteht, daß der zu analysierende Gummiartikel mit einem lackartigen Überzug versehen ist, sollte die Oberfläche mit Sandpapier in zweckmäßiger Weise abgerieben werden.

Bei Weichgummimischungen werden vulkanisierte Proben, nachdem sie von fremdem Material befreit worden sind, mit Hilfe eines kalten enggestellten Laborwalzwerks zerkleinert. Wenn ein Walzwerk nicht zur Verfügung steht, kann die Probe in kleine Stückchen, in der Größe von etwa 2 bis 6 mm³, geschnitten werden.

Unvulkanisierte Mischungen werden zu einem dünnen Fell ausgewalzt oder gepreßt. Man bedeckt das Fell mit Polyäthylenfilm oder anderem geeigneten Material und rollt die Probe darin ein, um ein Zusammenkleben zu verhindern. Zum Zwecke einer Lösungsmittelextraktion soll die Probe auf ein Stück extraktfreies Filterpapier gepreßt und darin eingerollt werden.

Hartgummiartikel werden mittels einer Feile pulverisiert.

Lösungsmittelhaltige Klebstoffe werden im Vakuum bei gelinder Wärme (30° C) getrocknet (ASTM). Wenn auch das Lösungsmittel analysiert werden soll, destilliert man dieses am Vakuum ab.

**Literatur**

[*1*] American Society for Testing Materials, ASTM Standards on Rubber Products, March, 1957; Designations D 297—55 T; D 1416—56 T; D 833—46 T.
[*2*] U.S. Government, Federal Test Method Std. No. 601 (1955).
[*3*] British Standards Institution, B.S. 903, pp. 9—76, (1950); Methods of Testing Vulcanized Rubber.
(Teile von B.S. 903 sind inzwischen revidiert und in einzelnen Heften herausgebracht worden.)
[*4*] British Standards Institution, B.S. 1673: Part 2: 1954; Methods of Testing Raw Rubber & Unvulcanized Compounded Rubber.

# B. Analyse von mineralischen Bestandteilen, Ruß und Schwefel

## 1. Gesamtfüllstoffe

**Vorbesprechung.** Die mineralischen Füllstoffe können durch Lösungsmethoden von der polymeren Substanz getrennt werden. Das bekannteste Verfahren ist der sog. Paraffinölaufschluß, den auch die Standardverfahren zur Bestimmung der Gesamtfüllstoffe führen. Bevor Verfahren zur direkten Bestimmung des polymeren Anteils bekannt waren, dienten die Lösungsverfahren zur Ermittlung des Kautschukanteils der Probe durch Differenz (s. S. 71).

Für die Füllstoffanalyse hat das Lösungsverfahren den Vorteil, daß die mineralischen Anteile keine oder nur geringe Veränderungen erleiden, wie dies bei der Veraschung je nach Zusammensetzung der Probe häufig der Fall ist[1]. In den folgenden Abschnitten ist darüber noch die Rede.

Der durch ein Lösungsverfahren gewonnene Rückstand kann für Einzelanalysen weiterverarbeitet werden (s. S. 7).

Die British Standards geben nicht den Paraffinölaufschluß, sondern das von WAKE mitgeteilte Lösungsverfahren an, welches ursprünglich für das erste Arbeitsstadium der Jodzahlbestimmung nach KEMP und PETERS entwickelt worden war (s. S. 80). Das Verfahren kann auf viele synthetische Typen angewendet werden.

BARNES, WILLIAMS, DAVIS und GIESECKE benutzen p-Cymol und Xylol als Lösungsmittel (s. S. 73); SCOTT und WILLOTT arbeiten mit Nitrobenzol und Xylol in einem für Rußbestimmungen entwickelten Verfahren, bei welchem zweckentsprechend Salpetersäure mitverwendet wird (s. S. 57).

1-Nitronaphthalin wurde mit Erfolg zur Bestimmung von Füllstoffen benutzt [*1*].

---

[1] Dr. R. MIKSCH weist darauf hin, daß Kaolin während eines heißen Lösungsmittelaufschlusses Wasser abgibt.

## Gesamtfüllstoffe (Paraffinöl)

*Prinzip der Methode.* Die vorher mit Aceton und Chloroform extrahierte Probe des zu untersuchenden Vulkanisates wird in heißem Paraffinöl behandelt; dabei löst sich der Kautschukanteil (Naturkautschuk und Buna S). Nach Zusatz von Benzol und Petroläther wird in einen Gooch-Tiegel filtriert; durch Waschen mit Aceton und Alkohol werden die letzten organischen Bestandteile entfernt. Als Rückstand hat man die mineralischen Füllstoffe einschließlich Ruß.

*Bemerkungen a).* Das Verfahren wird besonders dann benutzt, wenn Füllstoffe vorhanden sind, die sich bei Veraschungstemperatur verändern. In dem Rückstand, den man mit der vorliegenden Methode erhält, liegen die mineralischen Füllstoffe so vor, wie sie eingemischt wurden. Daher kann man den Rückstand evtl. noch weiter verarbeiten (Bemerkungen b).

Der Kautschukanteil von Weichgummivulkanisaten wird vom Paraffinöl bei 130—150° C innerhalb 2 Stunden völlig gelöst. Die kolloidale Kautschuklösung bereitet keine Filtrationsschwierigkeiten (ASTM).

*Arbeitsgang.* 0,5—1 g des auf der enggestellten Walze fein zermahlenen Vulkanisates werden analytisch genau eingewogen und mindestens 8 Stunden lang mit einem Gemisch von 32 Volumenprozent Aceton und 68 Volumenprozent Chloroform extrahiert. Die Extraktion wird fortgesetzt, wenn das ablaufende Extraktionsmittel nach dieser Zeit noch nicht farblos ist. Die Probe wird in einem 150-ml-Erlenmeyerkolben mit 20—25 ml Paraffinöl übergossen, an einen Rückflußkühler angeschlossen und mittels einer elektrischen Heizplatte auf eine Temperatur von 150—155° C gebracht, bis die Probe vollständig gelöst erscheint. Die Wärmebehandlung wird dann noch weitere 15—30 Minuten fortgesetzt. Die Probe kann als gelöst betrachtet werden, wenn das Öl klar aussieht.

Der Kolben wird dann vom Rückflußkühler weggenommen, auf etwa 110° C abkühlen lassen, worauf man langsam bei stetigem Umschwenken 10—15 ml Benzol zugibt. Man läßt dann abkühlen und verdünnt reichlich mit Petroläther. Nach guter Durchmischung läßt man das Ganze über Nacht stehen.

Ein mit Asbest (der für analytische Zwecke brauchbar sein muß) beschickter Gooch-Tiegel wird für die Filtration vorbereitet. Man filtriert das Gemisch bei mäßigem Saugen und dekantiert dabei anfangs vorsichtig; zuerst wäscht man gut mit Petroläther aus, anschließend mit warmem Aceton und dann mit einem warmen Gemisch gleicher Teile Aceton und Chloroform, wenn das Filtrat dunkel ist. Durch den Waschprozeß sollen die organischen Bestandteile weitgehend entfernt werden; abschließend wäscht man mit heißem Alkohol nach. Im Kolben zurückgebliebene Reste sollen sorgfältig in den Tiegel gespült werden.

Der Tiegel wird eine Stunde lang bei 110° C getrocknet; nach dem Abkühlen wird gewogen. Die Differenz ergibt die Füllstoffe.

Wenn zu erwarten ist, daß noch organische Substanzen im Tiegel sind, verfährt man wie folgt weiter:

Man saugt durch den Tiegel heißes Wasser und anschließend 10 ml Salzsäure (1,16). Wenn Carbonate vorliegen, wird zu starkes Schäumen dadurch vermieden, daß zuerst ein paar Tropfen der Säure durchgezogen werden, und die weitere Säurezugabe langsam erfolgt, bis keine Gasentwicklung mehr stattfindet. Man setzt die Säurebehandlung mit weiteren 20 ml Salzsäure (1,16) fort, wobei jedesmal nur eine kleine Menge in den Tiegel gegeben wird. Mit heißem Wasser wird gut gewaschen und der Tiegel eine Stunde lang bei 110° C getrocknet, dann gekühlt und schließlich gewogen. Die Differenz zur vorherigen Wägung stellt die säurelöslichen Füllstoffe dar. Die säureunlöslichen Füllstoffe werden nun bestimmt, indem der Tiegel im Muffelofen bei 700° C geglüht wird. Nach dem Abkühlen wird wieder gewogen. Die Differenz dieses Gewichtes zum leer gewogenen Tiegel stellt die säureunlöslichen Füllstoffe dar.

Das Filtrat der Säurebehandlung kann zur Bestimmung von Antimon weiterverarbeitet werden (ASTM).

*Bemerkungen b).* Der Rückstand kann auf bestimmte Füllstoff-Komponenten untersucht werden. ASTM beschreibt die Bestimmung des säureunlöslichen Rückstandes (s. Arbeitsgang), von Antimontrisulfid und von Sulfid-Schwefel (Lithopone).

Zur Bestimmung von Schwefel im Rückstand wird dieser in einen Kolben gebracht, mit warmem Wasser benetzt und mit 10 ml Bromwasser versetzt.. Man schwenkt um, fügt 20 ml Salpetersäure (1,40), gesättigt mit Brom, zu, läßt 15 Min. stehen und erwärmt eine Stunde lang auf dem Dampfbad. Man raucht zur Trockne ab und bestimmt das gebildete Sulfat auf beliebige Weise.

Entsprechend kann man in diesem Rückstand den Sulfatanteil von Tonerdegel bestimmen.

Zu diesem Zweck wird der Rückstand vorsichtig in ein Becherglas überführt. Mit etwas analysenreinem Asbest wischt man die innere Tiegelwand ab und gibt den Asbest mit in das Becherglas. Das Ganze wird mit Wasser benetzt und tropfenweise unter leichtem Umschwenken mit 10%-iger Salzsäure versetzt. Man erwärmt und gibt nach und nach mehr Säure zu. Schließlich kocht man, bis kein Schwefelwasserstoffgeruch mehr wahrzunehmen ist.

Man trennt den unlöslichen Teil ab, u. U. unter Benutzung von etwas Gelatine oder Agar (s. S. 16). Im Filtrat wird die Sulfatbestimmung auf beliebige Weise durchgeführt (s. S. 39 ff.).

### Gesamtfüllstoffe; p-Nitrotoluol und o-Dichlorbenzol

*Prinzip der Methode.* Das Verfahren wurde übernommen von Federal Test Method Std. No. 601, Method 16421, und beruht auf der Zersetzung des Kautschuks in einem Gemisch aus p-Nitrotoluol und o-Dichlorbenzol. Die Methode ist nicht anwendbar auf Nitrilkautschuk-Mischungen und auf Hartgummi.

*Arbeitsgang.* Etwa 0,5 g der Mischung werden mindestens 8 Stunden lang mit Aceton und Chloroform extrahiert und getrocknet. Die Probe wird in einen 250 ml-Erlenmeyerkolben eingebracht und dieser mit einem Rückflußkühler verbunden. Man fügt 10 g p-Nitrotoluol und 25 ml o-Dichlorbenzol zu und erwärmt auf 180 bis 190° C bei gelegentlichem Umrühren. bis sich der Kautschuk aufgelöst hat.

Die Analyse wird von hier an weitergeführt wie in der Methode für Gesamtfüllstoffe, Paraffinöl, beschrieben (s. S. 6).

### Literatur

[1] WYATT, G. H.: Rubber Chem. & Technol. 27, 521 (1954).

## 2. Veraschung und nasser Aufschluß

**Übersicht.** Die mineralischen Füllstoffe von Gummimischungen findet man in deren Glührückstand. Daß die Veraschung nicht immer zur quantitativen Bestimmung der Summe der mineralischen Füllstoffe geeignet ist, ist bekannt. Trotzdem bedient man sich der Aschebestimmung häufig, weil sie einfach ausgeführt werden kann.

Die ASTM-Standards empfehlen, die Probe vor der Veraschung mit Aceton zu extrahieren. Eine 4-stündige Extraktion wird in der Regel genügen, um den Hauptteil der im Extraktionsmittel löslichen Bestandteile zu entfernen.

Bemerkenswert ist die ASTM-Veraschungstechnik hinsichtlich der genauen Zeit-Temperatur-Kontrolle. Bei der Schnellmethode wird 4 Stunden lang mit Aceton extrahiert und im Muffelofen nach folgender Anweisung verascht:

| Zeit, min | 0 | 5 | 10 | 15 | 70 | 75 | 80 | 85 | 145 |
|---|---|---|---|---|---|---|---|---|---|
| Temperatur, °C | 0 | 100 | 200 | 300 | 300 | 400 | 500 | 550 | 550 |

Bei der sorgfältigeren Methode, die dann benutzt wird, wenn mit der Schnellmethode keine übereinstimmenden Ergebnisse erhalten wurden, extrahiert man 16 Stunden (bei Hartgummi länger) und verascht unter diskreten Bedingungen. Die Zeit-Temperatur-Kurve ist in Abb. 1 wiedergegeben.

STIEHLER und HACKETT [1] berichteten, wie durch besondere Kontrollmaßnahmen die Fehlerbreite bei Aschebestimmungen eingeengt werden konnte. Die Temperaturmessungen erfolgten auf $\pm 25°$ genau.

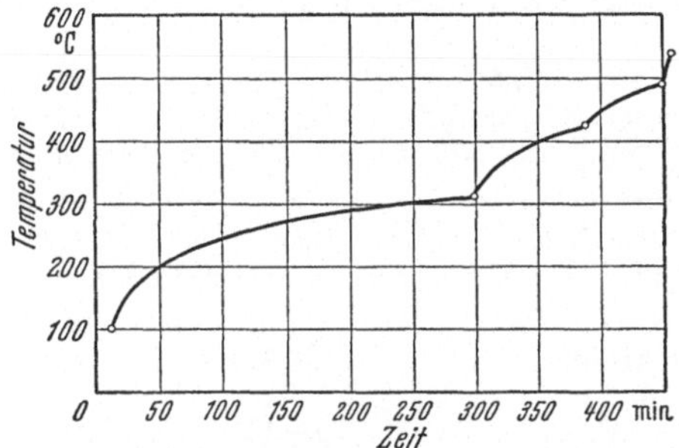


Abb. 1. Zeit-Temperatur-Kurve für
Aschebestimmungen
Aus American Society for Testing Materials, 1949
Standards Part III B, Designation D — 297—43 T.

Die Entfernung des organischen Materials von Gummimischungen durch Veraschung war Gegenstand verschiedener Untersuchungen, besonders über die Veränderungen, die gewisse Füllstoffe bei der Veraschung erleiden. Prinzipiell ist die Veraschung bei tieferer Temperatur, maximal 600°, zu bevorzugen. Bei Mischungen, die keinen oder nur wenig Ruß enthalten, ist diese Anweisung leicht zu befolgen; hingegen sieht man sich bei mit Ruß hochgefüllten Mischungen oft gezwungen, bei 800° zu arbeiten. Die Werte, die man bei dieser Temperatur erhält, unterscheiden sich natürlich von denen, die bei 550/600° erhalten werden. Kreide gibt bei letzterer Temperatur bekanntlich noch kaum $CO_2$ ab; wird bei 800° gearbeitet, muß man schon mindestens 2 Stunden glühen, bis alles $CO_2$ von Kreide entfernt ist. Lithopone gibt bei 550° nur einen Teil Sulfid ab. SCOTT [2] stellt fest, daß Kreide oberhalb 500° $CO_2$ abgibt. Durch Zugabe von Ammoniumcarbonat kann der Tiegel reich an Kohlensäure gehalten und auf diese Weise der Glühverlust von Kreide herabgesetzt werden. Bleiglätte begünstigt die Zersetzung von Kreide und führt zur Bildung von Calciummetaplumbat [2].

Über die unterschiedlichen Glühverluste einiger Füllstoffe berichtet Tab. 2 [3]. Man sieht, daß bei Rückschlüssen auf die Zusammensetzung einer Mischung unterschiedliche Korrektionsbzw. Umrechnungsfaktoren erforderlich sind, je nach der Temperatur, bei welcher gearbeitet wurde.

Bei Anwesenheit von Aluminiumhydroxyd (Tonerdegel) macht man zweckmäßig einen nassen Aufschluß, wenn Aluminium bestimmt werden soll. Der Aufschluß wird mit Salpetersäure und Perchlorsäure in der Art ausgeführt, wie wir ihn für die Bestimmung von Schwefel an anderer Stelle beschrieben haben (s. S. 45).

Tabelle 2. *Unterschiedliche Glühverluste (einschl. Feuchtigkeit) einiger Gummifüllstoffe bei 550° (5 Std.) und 800° C (2½ Std.) in Prozenten*

| Füllstoff | 550° | 800° |
|---|---|---|
| Kaolin . . . . . . | 4—5 | 6—7 |
| Kieselkreide . . . | 3—3,5 | 4—5 |
| Aerosil . . . . . . | 2,5—3 | 7—8 |
| Durosil F . . . . | 10—11 | 12—13 |
| Kieselgur 69 . . . | 9—10 | 11—12 |
| Tonerdegel . . . . | 35—40 | 47—53 |
| Lithopone . . . . | 2—2,5 | 6—7 |
| Kreide . . . . . . | 0,1—0,3 | 41—43 |

KHOROSHAYA u. a. [4] beschrieben einen Flachtiegel mit 5 cm Durchmesser und 8 mm hoch zur Bestimmung des Glührückstandes innerhalb kurzer Zeit. Die Verwendung von Edelmetallkugeln, welche direkt mit der Analysensubstanz vermischt werden und den Veraschungsvorgang beschleunigen, ist in einem Patent beschrieben worden [5].

Der Perchlorsäureaufschluß kann wahrscheinlich noch verfeinert werden. SMITH [6] hat gezeigt, wie man die nasse Oxydation dem zu analysierenden Material entsprechend unter Kontrolle bringen kann.

**Bestimmung des Glührückstandes.** Eine in kleine Stückchen zerschnittene Probe der Mischung (Kantenlänge der Stückchen 2—4 mm) wird analytisch genau eingewogen und mindestens 4 Stunden lang mit Aceton extrahiert. Die Probe wird dann 1 Stunde lang bei 80° getrocknet und in einem Porzellantiegel mit großer Sorgfalt auf folgende Weise verascht:

Man bringt den Tiegel in die Mitte eines elektrischen Muffelofens bei einer Temperatur von 300° C. Nach 30—45 Minuten leitet man eine Erhöhung der Ofentemperatur ein, so daß diese nach einer weiteren halben Stunde 450° beträgt. Ist die Temperatur erreicht, so öffnet man die Ofentür einen Spalt von etwa 1 cm. Man beläßt die Probe 2 Stunden in diesem Zustand. Dann beginnt man eine weitere Temperaturerhöhung bis zu 550°. Man schließt daraufhin den Ofen und sieht nach einer Stunde nach, ob evtl. im

Tiegel befindlicher Ruß verbrannt ist. Nur wenn man sich überzeugt hat, daß die Probe frei von Kohlenstoff ist, kann man sie aus dem Ofen herausnehmen und in einen Exsiccator stellen, um sie später zur Wägung zu bringen. Andernfalls setzt man die Behandlung bei 550° fort. Man darf dann vorsichtig bis 600° weiter erhitzen, wenn unbedingt nötig. Die Asche soll aber nicht länger als 20 Minuten dieser Temperatur ausgesetzt sein.

**Nasser Aufschluß.** Eine Probe, die genau so vorbereitet und extrahiert worden war wie für die Bestimmung des Glührückstandes oben beschrieben, wird in einen 250 ml-Weithals-Erlenmeyerkolben gebracht. Man behandelt auf dem elektrischen Sandbad mit Perchlorsäure und Salpetersäure, wie für Gesamtschwefel, nasser Aufschluß (s. S. 45) beschrieben. Eine Zugabe von Magnesium- oder Zinkoxyd darf hier natürlich nicht erfolgen.

### Literatur

[1] STIEHLER, R. D., u. R. W. HACKETT: Anal. Chem. **20**, 292 (1948).
[2] SCOTT, J. R.: J. RUBBER Research **14**, 150 (1945).
[3] FREY, H. E.: Z. anal. Chem. **134**, 352 (1951).
[4] KOROSHAYA, E. S., u. a.: Legkaya Prom. **12**, No. 4, 28 (1952); Kautschuk & Gummi **6**, WT 214 (1953).
[5] GALTER, E.: Österr. Pat. 176210, 25. 9. 53.
[6] SMITH, G. F.: Anal. Chim. Acta **17**, 175 (1957).

## 3. Identifizierung mineralischer Füllstoffe

### Vorbemerkungen

Die Identifizierung mineralischer Füllstoffe erfolgt mit bekannten Tüpfelreaktionen [1] bzw. anderen allgemein üblichen analytischen oder mikroanalytischen Verfahren. Die bestehenden Möglichkeiten sind — mindestens für eine Anzahl von Kationen, die hier in Frage kommen — mit den unten vorgeschlagenen Tests natürlich durchaus nicht erschöpft; es würde jedoch den Rahmen dieser Arbeit überschreiten, wenn alle in Frage kommenden Nachweise hier besprochen würden.

Über Mineralfarben ist in einem besonderen Abschnitt (s. S. 18) die Rede. KUL'BERG und BLOKH [2] identifizieren Zinkoxyd auf folgende Weise: 0,3—0,5 g Probematerial wird im Reagensglas mit 5 ml 10%iger Essigsäure ausgekocht. Der Auszug wird in einer Porzellanschale eingedampft und der Rückstand mit 2 Tropfen Wasser und 1 Tropfen Schwefelsäure behandelt. Dann setzt man 2 Tropfen 0,05%ige Kobaltacetatlösung und 2—3 Tropfen Ammoniumquecksilberrhodanidlösung zu. Ein blauer Niederschlag zeigt Zinkoxyd an.

Zur Feststellung von Magnesiumoxyd[1] wird ein wie oben beschriebener Essigsäureextrakt gemacht. Man dampft ein, nimmt den Rückstand mit 4 Tropfen Wasser und 2 Tropfen Schwefelsäure auf, saugt die Lösung mittels einer Kapillarröhre und Filterpapier ab und bringt sie in eine andere Porzellanschale. Nun werden 3—4 Tropfen 0,01%ige alkoholische Chinalizarinlösung und tropfenweise 2 n Natronlauge zugegeben; ein reiner blauer Niederschlag zeigt Mg an; violette oder rötliche Fällungen sind ungültig.

In einer früheren Mitteilung beschrieben KUL'BERG und BLOKH [3] einen Zinkoxydnachweis mit Diphenylcarbazid.

ENDTER ([12], S. 58) unterscheidet zwischen röntgenamorphen und kristallinen Füllstoffen und zeigt, daß die stärksten Linien eines Füllstoffes in DEBYE-SCHERRER-Diagrammen auch in Vulkanisaten gefunden werden, welche diesen Füllstoff enthalten. KRESS [4] beschrieb ein spektralanalytisches Verfahren für Gummiaschen mit einem neuen Instrument.

## Nachweise

**Zn, Al, Mg.** Eine Spatelspitze des Glührückstandes wird mit einem Tropfen Wasser auf einem Glasscheibchen zu einer Paste angerührt. Jeweils kleine Proben dieser Paste werden wie folgt behandelt:

1 a. Zn: Die Paste fluoresziert im filtrierten UV-Licht (366 m$\mu$) hellblau. Geringe Mengen ZnO können zusammen mit anderen Füllstoffen so nicht sicher erkannt werden.

1 b. Die Paste wird für einige Sekunden über eine offene Flasche mit Eisessig gehalten. Gleich drauf läßt man einen Tropfen einer 0,05%igen Dithizonlösung in Tetrachlorkohlenstoff über die Paste laufen, so daß diese von der Reagenslösung benetzt wird. Wenn ZnO vorliegt, tritt eine tief karminrote Färbung auf.

2. Al, Mg: Eine Probe der Paste wird mit einem Tropfen einer Morinlösung in Methanol behandelt. Im filtrierten UV-Licht fluoresziert Al grün, während Mg gelb erscheint.

**Zn, Mg, Ca, CO$_3$.** Eine Spatelspitze des Glührückstandes wird im Reagensglas mit Salzsäure behandelt; der unlösliche Rückstand wird abfiltriert und mit heißem Wasser ausgewaschen.

Das Filtrat wird schwach ammoniakalisch gemacht und eine Spatelspitze Ammoniumchlorid zugegeben. Man erhitzt und filtriert. Das Filtrat wird mit Schwefelwasserstoff gesättigt; Zink fällt als Sulfid. Man setzt 2 Tropfen einer 0,1%igen wäßrigen Agar-Agar-Lösung zu, schüttelt durch und filtriert nach 10 Minuten.

---

[1] Vgl. auch S. A. BABENKO, Ž. anal. Chim. **13**, 496 (1958), Referat Z. anal. Chem. **168**, 199 (1959).

Das Filtrat wird salzsauer gemacht und ausgekocht. Wenn nötig, wird filtriert. Das Filtrat wird in 2 Teile geteilt.

Teil 1 wird mit Natronlauge neutralisiert. In der Kälte gibt man 0,5—1 ml einer 0,2%igen Thiazolgelblösung zu. Wenn dann nach Zusatz einiger Tropfen konzentrierter Natronlauge ein tief rot gefärbter Niederschlag auftritt, liegt Mg vor.

Teil 2 wird mit Ammoniak neutralisiert. Die Lösung wird in 5 ml einer 5%igen Ammoniumoxalatlösung eingegossen und dann auf etwa 40° erwärmt. Wenn Calcium vorliegt, tritt ein fein-kristalliner weißer Niederschlag auf.

Zur Prüfung auf Carbonat wird ein kleines Stück der Probe im Reagensglas mit Bromsalzsäure versetzt. Carbonate verursachen einen merklichen Gasstrom (ASTM).

**Ba, Ti, SiO$_2$ (sodalöslich)**[1]. Der bei der Prüfung II erhaltene säureunlösliche Rückstand wird mit heißem Wasser ausgewaschen und für sich analysiert. Er gibt dem geübten Analytiker schon durch sein Aussehen Hinweise auf seine Zusammensetzung.

Man kann auf Barium prüfen: Ein Teil des Rückstandes wird mit der 5fachen Menge eines Gemisches von Natrium- und Ka-liumcarbonat im Platintiegel geschmolzen. Die Schmelze wird wie üblich in heißem Wasser gelöst und filtriert. Der Rückstand wird mit heißem Wasser, dem etwas Ammoniak zugesetzt ist, aus-gewaschen. Darauf wird der Rückstand mit einigen Tropfen war-mer verdünnter Salzsäure behandelt und die Lösung bis zum sauren Umschlag von Phenolphthalein neutralisiert. Nach Zusatz einiger Tropfen einer verdünnten Natriumrhodizonatlösung tritt eine in-tensive Rotfärbung auf, wenn Barium vorhanden ist.

Der säureunlösliche Rückstand kann auf sodalösliche Kiesel-säure geprüft werden[2]: Eine Spatelspitze des säureunlöslichen Rückstandes wird 20 Minuten lang in 40 ml 5%iger Sodalösung gekocht. Verdampfungsverluste werden durch Wasserzugabe er-gänzt. Es wird heiß filtriert und mit heißer, 1%iger Sodalösung gewaschen. Das Filtrat wird mit Salzsäure neutralisiert und Säure im Überschuß zugegeben. Dann wird gekocht. Tritt kein Nieder-schlag auf, wird abgekühlt und schwach ammoniakalisch gemacht. Wenn sich Niederschlag bildet, wird mit Salzsäure wieder ange-säuert und noch im Überschuß Säure zugegeben. Außerdem fügt man einige Tropfen einer wäßrigen Gelatinelösung zu und rührt um. Wenn beim Erwärmen ein dichter, flockiger Niederschlag bestehen bleibt, liegt sodalösliche Kieselsäure vor.

---

[1] Kieselsäurefüllstoffe wie Aerosil, Durosil oder Calsil (Erzeugnisse der Degussa).

[2] s. S. 11, [*3*].

Aerosil kann oft schon durch bloßes Anfühlen des trockenen Glührückstandes erkannt werden (körnig, knirschend, beim Zerreiben sich fettig anfühlend).

**Mineralfarben.** Die Anwesenheit von Mineralfarben (besonders Antimon oder Blei) ist deshalb besonders zu beachten, weil diese vor dem eigentlichen Analysengang entfernt werden müssen.

Über die Analyse von Mineralfarben s. S. 18.

**Al (Tonerdegel).** 0,5—1 g der zu analysierenden Mischung werden in einem 100-ml-Weithals-Erlenmeyerkolben mit 20 ml Perchlorsäure und 20 ml Salpetersäure (1,40) genau so behandelt, wie auf S. 45 für Gesamtschwefel beschrieben. Zugabe von Zinkoxyd unterbleibt natürlich.

Der mit Salzsäure behandelte Rückstand wird mit Wasser und einigen Tropfen verdünnter Salzsäure gelöst. Der unlösliche Rückstand wird abgetrennt. Antimon oder Blei werden herausgefällt, wie auf S. 21 beschrieben. Das Filtrat wird mit Natronlauge neutralisiert und eben essigsauer gemacht. Die Lösung wird mit $H_2S$ gesättigt. Man gibt 2 Tropfen einer 0,1%igen Agar–Agar-Lösung zu und rührt um. Nach 10 Minuten wird filtriert. Man macht salzsauer und kocht einige Minuten. Dann kühlt man unter fließendem Wasser ab. Man neutralisiert mit Natronlauge und setzt 5 ml konzentrierte Natronlauge im Überschuß zu. Es wird aufgekocht, auf etwa 40° zurückgekühlt und filtriert.

Eine Probe des Filtrats wird mit 2 ml einer 0,2%igen wäßrigen Natriumalizarinsulfonatlösung versetzt. Essigsäure wird zugegeben, bis die Violettfärbung verschwindet; dann gibt man noch einen Tropfen überschüssige Essigsäure zu. Bei Anwesenheit von Aluminium (Tonerdegel) bleibt eine intensive Rotfärbung bestehen[1].

Literatur

[1] FEIGL, F.: Spot Tests, 3rd ed., Elsevier, 1947.
[2] KUL'BERG, L. M., B. A. BLOKH u. E. A. GOLUBKOWA: Zavodskaya Lab. 15, 1034 (1949).
[3] KUL'BERG, L. M., u. B. A. BLOKH: Ibid. 14, 278 (1948).
[4] KRESS, K. E.: Applied Spectroscopy 6, No. 4, 19 (1952).

## 4. Der säureunlösliche Rückstand

### Vorbemerkungen

Der säureunlösliche Rückstand kann im allgemeinen Kaolin, Titandioxyd, Schwerspat, Kieselgur, Aluminiumoxyd (von Tonerdegel), Kieselkreide sowie sodalösliche Kieselsäure-Füllstoffe enthalten. Alle diese Substanzen haben natürlich geringe säurelösliche Anteile (Tab. 3). Wenn Kieselsäure-Füllstoffe, wie Aerosil,

---

[1] Bezüglich neuer Farbreaktionen von Al siehe Z. HOLZBECHER, Chem. Abstr. 49 (15610), 1955.

Durosil oder Calsil vorliegen, kann man den in 5%iger Soda löslichen Anteil des säureunlöslichen Rückstandes bestimmen[1]. Das von DUVAL [1] angegebene Halbmikroverfahren zur Bestimmung von Kieselsäure könnte hier evtl. mit Vorteil Verwendung finden. Als Bestimmungsform dient die Hexamethylentetraminverbindung der Silicomolybdänsäure[2].

Tabelle 3. *Salzsäureunlösliche Anteile einiger Gummifüllstoffe.* (Der Glühverlust wurde berücksichtigt)

| Füllstoff | HCl-unlösl. Anteil, % |
|---|---|
| Aerosil . . . . . . | 99—100 |
| Casil . . . . . . . | 80— 85 |
| Durosil F . . . . . | 99—100 |
| Kaolin . . . . . . | 96— 98 |
| Kieselkreide . . . | 96— 98 |

Von Calsil geht Calcium (rd. 7% Ca) und etwas Kieselsäure in salzsaure Lösung; der Rest ist fast vollständig in Soda löslich (Tab. 4).

Tabelle 4. *Löslichkeit von Kieselsäurebzw. Silikatfüllstoffen in 5%iger wäßriger Soda nach 1/2stündigem Kochen* (Die Rückstände wurden mit Salzsäure ausgewaschen)

| Füllstoff | in 5%iger Soda unlösl. Anteile |
|---|---|
| Aerosil . . . . | etwa 4 —5 % |
| Durosil F . . . | etwa 7 —8 % |
| Calsil . . . . . | etwa 4,5—5,5% |

Es ist oft vorteilhaft, bei der Bestimmung des säureunlöslichen Rückstandes Gelatine zur Hilfe zu nehmen, um schnell und ohne das Risiko des Durchlaufens filtrieren zu können [2]. Besonders dann, wenn Schwerspat, feines Kaolin, Titanweiß oder Calsil vorliegt, ist diese Arbeitsweise nützlich.

Barium kann nach der üblichen Sodaschmelze photometrisch bis zur maximalen Trübung titriert werden. Man kann auch in Gegenwart von Tetraoxychinonindikator titrieren [3, 4, 5]. Die Titration von Barium mit diesem Indikator bereitet weniger Schwierigkeiten in der Erkennung des Endpunktes als die entsprechende Sulfattitration.

---

[1] s. S. 11, [3].
[2] Siehe auch E. I. FOGEL'SON, Zavodskaya Lab. **23**, 1427 (1957); Referat Z. anal. Chem. **166**, 215 (1959).

Barium kann komplexometrisch mit Äthylendiamintetraazetat bestimmt werden. Visuelle Endpunkterkennung ist möglich, wenn eine 0,1 n-Maßflüssigkeit verwendet wird und etwa 500 mg Barium vorliegen; wenn geringere Konzentrationen vorliegen, muß der Endpunkt spektrophotometrisch ermittelt werden [6, 7].

## Bestimmung des säureunlöslichen Rückstandes

*Arbeitsgang.* 0,3—0,8 g des fein zerriebenen Glührückstandes (je nach der Menge der unlöslichen Anteile) werden genau eingewogen und in ein 250-ml-Becherglas gebracht. Man gibt 5 ml Wasser und 5 ml Salzsäure (1,16) zu. Nun wird auf dem Sandbad vorsichtig bei mäßiger Hitze bis zur Trockne abgeraucht. Nach dem Abkühlen gibt man 5 ml Salzsäure (1,16) und 3 Tropfen Salpetersäure (1,40) zu und raucht wieder vorsichtig zur Trockne ab. Der Rückstand wird mit 2 ml Salzsäure (1,16) aufgenommen. Man verdünnt mit Wasser auf 60—70 ml und kocht auf. Dann gibt man unter Umrühren 5—6 Tropfen 0,1%ige wäßrige Gelatine-Lösung zu und rührt um. Wenn sich der Niederschlag nicht gut absetzt, gibt man mehr Gelatine zu. Nach 5 Minuten kann filtriert werden. Es wird mindestens dreimal mit je 8—10 ml heißem Wasser sorgfältig ausgewaschen. Das Filtrat wird, wenn erforderlich, weiterverarbeitet.

Der Rückstand wird in einem Porzellantiegel bei 600° C geglüht und später gewogen.

## Kieselsäure

*Arbeitsgang.* Kieselsäure kann wie folgt bestimmt werden (ASTM): Der Glührückstand des zuletzt beschriebenen Arbeitsvorganges wird in einen gewogenen Platintiegel überführt und mit 2—3 ml Fluorwasserstoffsäure und einigen Tropfen Schwefelsäure (1,84) übergossen. Man dampft zur Trockne ein und glüht dann bei mäßiger Rotglut. Der Gewichtsverlust stellt die ursprünglich vorhandene Kieselsäure dar.

## Sodalösliche Kieselsäure

*Arbeitsgang.* Sodalösliche Kieselsäure kann dann bestimmt werden, wenn man die Anwesenheit entsprechender Verstärkerfüllstoffe vermutet.

Eine spezielle Einwaage des säureunlöslichen Rückstandes (0,3 bis 0,8 g) wird in 100 ml 5%iger Sodalösung 20—25 Minuten lang gekocht; Verdampfungsverluste werden durch Wasserzugabe ergänzt. Es wird heiß filtriert und erst mit heißer 1%iger Sodalösung, dann mit Wasser mehrmals gewaschen.

Der Rückstand kann noch für sich mit verdünnter Salzsäure und zuletzt wieder mit Wasser gewaschen, geglüht und zurückgewogen werden.

Das Filtrat wird salzsauer gemacht. Man setzt 2 ml Salzsäure (1,16) im Überschuß zu und kocht. Tritt kein Niederschlag auf, wird abgekühlt und eben ammoniakalisch gemacht. Wenn Fällung stattfindet, wird wieder salzsauer gemacht, 2 ml Salzsäure (1,16) im Überschuß zugegeben und 10 Minuten gekocht [8]. Man kühlt auf etwa 40° C zurück, rührt etwas Gelatinelösung ein (0,2 g Gelatine für 1 g $SiO_2$) und filtriert nach 5 Minuten. Man wäscht aus, glüht und bringt zur Wägung.

### Bestimmung von Barium [volumetrisch]

*Prinzip der Methode.* Titration mit Alkalisulfat in Gegenwart von Tetraoxychinon- bzw. Rhodizonatindikator.

*Reagentien.* Maßflüssigkeit: 0,02 n Natriumsulfatlösung; die Titerstellung erfolgt gravimetrisch.

Indikator: Tetraoxychinon oder Dinatriumrhodizonat.

*Arbeitsgang.* Eine speziell eingewogene Probe des säureunlöslichen Rückstandes wird in einem Platintiegel mit der 5- bis 6fachen Menge eines Gemisches von Natrium- und Kaliumcarbonat einer Schmelze unterzogen.

Man läßt abkühlen und löst die Schmelze in destilliertem Wasser. Die heiße Lösung wird eine halbe Stunde stehengelassen. Dann filtriert man und wäscht mit 1%iger Sodalösung und schließlich mit 10 ml ammoniakalischem Wasser aus.

Der Rückstand wird mit warmer verdünnter Salzsäure gelöst. Die Lösung wird gekocht und wenn nötig filtriert. Dann wird mit etwa 1 n Natronlauge neutralisiert und mit Salzsäure zum sauren Umschlag von Phenolphthalein wieder angesäuert. Hierauf überführt man die Lösung in einen 200-ml-Meßkolben und bringt auf Volumen.

Einzelne Portionen werden entnommen, in einen 100-ml-Weithals-Erlenmeyer pipettiert, mit Wasser verdünnt und das Volumen mit Äthylalkohol oder Isopropylalkohol verdoppelt. Man gibt etwa 0,1 g Tetraoxychinon oder Dinatriumrhodizonat zu und schwenkt um. Aus einer Halbmikrobürette (Inhalt 25 ml) wird langsam unter stetigem Umschwenken titriert; eine künstliche Beleuchtung von unten ist vorteilhaft. Man titriert zu einem gelben Endpunkt. Optimaler Arbeitsbereich ist ein Verbrauch von 5—8 ml Maßflüssigkeit.

## Literatur

[1] DUVAL, C.: Anal. Chim. Acta 1, 33 (1947).
[2] FREE, E. E.: Eng. Mining J. 101, 509 (1916).
[3] STREBINGER, R., u. L. v. ZOMBORY: Z. anal. Chem. 79, 1 (1930); 105, 346 (1936).
[4] KAHLER, K. L., R. T. SHEEN u. D.C. CLINE: Ibid. 9, 69 (1937).
[5] OGG, C. L., C. O. WILLITS u. F. J. COOPER: Anal. Chem. 20, 83 (1948).
[6] ROWLEY, K., R. W. STOENNER, L. GORDON: Anal. Chem. 28, 136 (1956).
[7] COHEN, A. I., u. L. GORDON: Anal. Chem. 28, 1445 (1956).
[8] WEISS, L., u. H. SIEGER: Z. anal. Chem. 119, 245 (1940).

## 5. Mineralfarben und Eisenverunreinigungen

### Vorbemerkungen

(Hier wird nur die Analyse einiger anorganischer Pigmente behandelt. Bekanntlich finden aber auch organische Pigmente Verwendung[1]).

Antimon und Blei fallen bekanntlich als Sulfide aus saurer Lösung und können so erkannt und vor dem eigentlichen Analysengang abgetrennt werden. Chromoxyd sieht man im Glührückstand; bei der Analyse verbleibt es im salzsäureunlöslichen Rückstand. Soll es von anderen säureunlöslichen Komponenten getrennt werden, so kann man mit etwas Perchlorsäure nach Zugabe von Magnesiumoxyd abrauchen; man bekommt dann lösliches Chromat.

SCOTT[2] berichtete, daß sich Chromoxyd bei der Veraschung in Gegenwart von Kreide teilweise zu Calciumchromat umsetzt; diese Möglichkeit muß bei entsprechenden Analysen in Betracht gezogen werden.

Bleiglätte kann teilweise zu Calciummetaplumbat umgesetzt werden (s. S. 9).

Eisenpigmente erkennt man wie Chromoxyd schon an der Farbe des Glührückstandes. Wenn die Zusammensetzung der zu analysierenden Mischung kleine Einwagen für den Analysengang gestattet, kann man das in Salzsäure gelöste Eisen mit Cupferron abtrennen. Bei der Abtrennung als Hydroxyd soll man dessen Neigung zum Mitreißen von Lösungspartnern beachten und möglichst eine doppelte Fällung vornehmen.

Eisenverunreinigungen, die durch Kaolin, Schwerspat, Kreide und andere Füllstoffe in die Analysenlösung kommen, sollen entfernt werden. Vorteilhaft ist die Fällung mit Cupferron aus saurer Lösung[3]. TYLER[4] beschreibt einen Arbeitsgang, bei dem Eisen

---

[1] Über die infrarotspektroskopische Identifizierung von 21 anorganischen und 5 organischen Pigmenten in Anstrichfarben, siehe T. R. HARKINS e. al., Anal. Chem. 31, 541 (1959).
[2] s. S. 11, Literatur [2]. — [3] s. S. 37, [8]. — [4] s. S. 37, [4].

mittels Ammoniak abgetrennt wird; die angegebenen Bedingungen müssen genau eingehalten werden (s. S. 31).

Die quantitative Bestimmung von Antimon kann volumetrisch erfolgen, wenn die Probe mit Schwefelsäure in Gegenwart von Kaliumsulfat oxydiert, Antimon als Sulfid abgetrennt und wieder gelöst und reduziert wurde (ASTM). Der Antimonanteil im Glührückstand wird entsprechend bestimmt.

Blei kann bei geeigneter Acidität im Glührückstand quantitativ als Sulfid gefällt und als Sulfat bestimmt werden (ASTM).

Titandioxyd kann mittels Chromotropsäure einerseits und Wasserstoffperoxyd andererseits identifiziert werden [1].

Lithopone liegt dann vor, wenn ein Bariumsulfatrückstand zu finden ist und im Rückstand des Paraffinölaufschlusses (s. S. 6) Zinksulfid festgestellt wird.

Ultramarinblau wird durch einen Tropfen Salzsäure, den man auf die Probe gibt, weiß und es entweicht Schwefelwasserstoff.

KRESS [2] beschrieb eine einfache Methode zur Bestimmung von Blei in der Asche von Gummimischungen oder in Gummichemikalien, durch Ermittlung der spektrophotometrischen Absorptionskurve im ultra-violetten Bereich in 50%iger salzsaurer Lösung.

Ein Verfahren zur Bestimmung von Eisenoxyden in Gummi wurde von BOGINA und MARTYUKHINA [3] mitgeteilt.

Die Asche wird in HCl gelöst und wenn nötig wird etwas $HNO_3$ zugefügt. Man filtriert, fügt 10 ml 5%ige $NH_4Cl$-Lösung und 25 ml 10%ige Sulfosalicylsäure zu und neutralisiert mit NaOH. Man bringt auf Volumen und colorimetriert unter Verwendung eines Grünfilters.

SHNAIDERMAN [4] untersuchte die Farbreaktionen zwischen $Ti^{4+}$ und Phenolen.

GASTINGER [5] untersuchte Mitfällungserscheinungen bei Fällungen mit Kupferron. Es besteht keine Gefahr der Mitfällung von Zink. Wenn die mineralsaure Lösung mit Kupferron gesättigt ist, fällt Nitrosophenylhydroxylamin aus. Es ist vorteilhaft, Kupferronfällungen und überschüssiges Reagens in Chloroform auszuschütteln [6].

Eisen(III) kann quantitativ als Perjodat gefällt werden in stark verdünnter salpetersaurer oder schwefelsaurer Lösung und kann von Aluminium getrennt werden. Überschüssiges Perjodat im Filtrat kann mittels Schwefeldioxyd leicht zerstört werden [7]. FRITZ, RICHARD und BYSTROFF [8] weisen darauf hin, daß von Eisenabtrennungen vorhandenes überschüssiges Kupferronreagens die komplexometrische Titration zweiwertiger Metalle unmöglich macht, da der Indikator (Eriochromschwarz T) unwirksam wird. Dieser Umstand wird beseitigt, wenn die Kupferronfällung zusammen mit überschüssigem Reagens in ein geeignetes organisches Lösungsmittel gezogen wird.

Im Zusammenhang mit der Bestimmung von Aluminium in gemeinsamen Aluminium- und Eisenhydroxydniederschlägen (siehe Abschn. 6) sei hier auf die Trennung geringer Eisenmengen von Aluminium mit Hilfe eines stark basischen Anionenaustauschers (Amberlite IRA-400 bzw. IRA 400 A) nach dem von TEICHER und GORDON [9] mitgeteilten Verfahren hingewiesen.

Der Austauscher, welcher vorher mit 3—4 n Salzsäure in die Chloridform gebracht wurde, wird mit 50 ml 0,3 m Ammoniumrhodanidlösung ($p_H$ 1) behandelt. Die Analysenlösung kann 0,0004—0,0008 m an dreiwertigem Eisen sein; sie wird etwa 1,5 m an Ammoniumrhodanid gemacht. Bei $p_H$ 1 läßt man die Lösung mit einer Geschwindigkeit von 8—10 ml/min durch die Säule laufen (Höhe etwa 25 cm, Durchmesser 1,3 cm). Man wäscht mehrmals gut mit 0,3 m Ammoniumrhodanidlösung aus. Im Filtrat kann Aluminium als Hydroxyd gravimetrisch bestimmt werden.

Auf diese Weise kann man 1—2 mg Eisen von maximal 80 mg Aluminium trennen.

### Identifizierung von Antimon und Blei

*Arbeitsgang* (ASTM.) 0,2—0,3 g der zu analysierenden Mischung werden verascht; die Asche wird mit 10 ml Salzsäure (1,18) behandelt. Man verdünnt auf 40 ml und filtriert den unlöslichen Rückstand ab. In das Filtrat wird Schwefelwasserstoff eingeleitet. Antimonsulfid fällt als orangeroter Niederschlag aus.

Das Filtrat des Antimonsulfidniederschlages wird auf das 10-fache Volumen verdünnt; man leitet Schwefelwasserstoff ein, wobei Blei als Sulfid abgeschieden wird.

### Identifizierung von Titandioxyd

*Arbeitsgang* [1]. Etwa 0,05 g des Glührückstandes der Probe werden in einem kleinen Porzellantiegel mit einem Tropfen Schwefelsäure (1,84) behandelt und bis fast zur Trockne abgeraucht. Nach dem Abkühlen gibt man 2 Tropfen 6 n Schwefelsäure und 1 Tropfen 5%ige wäßrige Chromotropsäure (Na-Salz) zu; Titan wird durch eine rotbraune bis karminrote Färbung angezeigt.

Zur Durchführung eines Belegtests fügt man einem bis zur Reagenszugabe wie oben behandelten Teil des Glührückstandes einen Tropfen 10%iges Wasserstoffperoxyd zu; bei Anwesenheit von Titan entsteht eine goldgelbe Färbung.

Bei dem Chromotropsäuretest stört Eisen, hingegen wird der Peroxydtest durch Eisen nicht beeinträchtigt.

### Quantitative Bestimmung von Antimon in der Probe

*Arbeitsgang* (ASTM). Eine 0,5 g-Probe der zu analysierenden Mischung wird in einem Kjeldahlkolben mit 25 ml Schwefelsäure

(1,84) und 10—12 g Kaliumsulfat versetzt und erhitzt, bis die Lösung farblos wird. Während des Erhitzens setzt man auf den Kolbenhals einen Trichter, durch den man später nach dem Abkühlen die im Kolben befindliche Lösung mit Wasser auf 100 ml verdünnt. Danach überführt man die im Kolben befindliche Lösung in ein 400-ml-Becherglas, verdünnt mit heißem Wasser auf 250 ml und fällt Antimon mit Schwefelwasserstoff aus. Nach dem Filtrieren bringt man den Niederschlag in einen Kjeldahlkolben, fügt 15 ml Schwefelsäure (1,84) und 10—12 g Kaliumsulfat zu und erhitzt wieder, bis die Lösung farblos ist. Durch den wiederum aufgesetzen Trichter verdünnt man mit Wasser auf 100 ml, gibt 1—2 g Natriumsulfit zu und kocht, bis alles Schwefeldioxyd ausgetrieben ist. Dies ist dann der Fall, wenn Stärke-Jodatpapier nicht mehr blau gefärbt wird.

Man fügt 25 ml Salzsäure (1,18) zu, verdünnt auf 200 ml, bringt die Lösung auf eine Temperatur von etwa 60°, fügt 2 Tropfen einer 0,2%igen Methylrotlösung zu und titriert mit einer Kaliumbromat-Standardlösung, bis die Lösung farblos ist. Wenn der Indikator zu verblassen beginnt, verlangsamt man die Bromatzugabe und gibt, wenn nötig, einen weiteren Tropfen Indikatorlösung zu. Am Endpunkt soll ein Tropfen zugegebener Methylrotlösung sofort verblassen.

Das Ergebnis wird ermittelt gemäß

$$\% \text{ Antimon} = \frac{\text{Sb-Äquivalent von K BrO}_3 \cdot \text{ml K BrO}_3}{\text{Gewicht der Probe}} \cdot 100.$$

*Bemerkung.* Wenn kein Eisen vorliegt, kann sowohl die Antimonsulfidfällung wie auch die zweite Wärmebehandlung im Kjeldahlkolben unterlassen werden.

### Quantitative Bestimmung von Antimon im Glührückstand

*Arbeitsgang.* Der Glührückstand einer Probe von etwa 1 g Mischung wird in einem 600-ml-Erlenmeyerkolben mit 12—15 ml Schwefelsäure (1,84) und 10—12 g Kaliumsulfat versetzt; man kocht bis zur vollständigen Lösung. Die Weiterbehandlung und Bestimmung von Antimon erfolgt so, wie im Arbeitsgang zur Bestimmung von Antimon in der Probe beschrieben.

### Quantitative Bestimmung von Blei im Glührückstand

*Arbeitsgang* (ASTM). Die vom unlöslichen Rückstand befreite salzsaure Lösung einer eingewogenen Menge des Glührückstandes wird mit Ammoniak eben neutralisiert; dann fügt man 1 ml Salzsäure (1,18) zu. Man verdünnt mit Wasser auf 50 ml und leitet in die schwach erwärmte Lösung Schwefelwasserstoff in starkem

Strom ein. Dabei fügt man noch 20—30 ml Wasser zu. Wenn die Färbung vollständig ist, filtriert man und wäscht den Niederschlag mit einer gesättigten wäßrigen Lösung von Schwefelwasserstoff.

Wenn Antimon mit vorliegt, wird es unter den angegebenen Bedingungen auch ausfallen; ebenso kann Zink teilweise mitgefällt werden. Die beiden letzteren Metalle beeinträchtigen jedoch nicht die Bestimmung von Blei.

Der Sulfidniederschlag wird mit heißer halbkonzentrierter Salpetersäure gelöst. Nach Filtration kühlt man ab, fügt 10 ml Schwefelsäure (1,84) zu und dampft ein, bis dichte weiße Schwefelsäuredämpfe sichtbar werden. Darauf läßt man abkühlen, verdünnt mit 50 ml Wasser, fügt ebensoviel Alkohol zu, und läßt einige Stunden stehen. Man filtriert durch einen vorbereiteten Gooch-Tiegel, wäscht mit 50%igem Alkohol und trocknet bei 105° C. Der Bleigehalt der Probe ergibt sich gemäß

$$\% \text{ Blei} = \frac{\text{PbSO}_4 \cdot 0{,}6832}{\text{Gewicht der Probe}} \cdot 100.$$

*Bemerkung.* Bei der Analyse einer Mischung, die Blei enthält, sollte Zink in einer speziellen Einwage bestimmt werden, die mit Schwefelsäure so behandelt wird, daß Blei als Sulfat mit dem unlöslichen Rückstand abgetrennt wird.

### Entfernung von Eisenverunreinigungen mittels Cupferron

*Arbeitsgang I.* Die vom unlöslichen Rückstand, Antimon und Blei befreite mineralsaure Lösung einer eingewogenen Probe des Glührückstandes wird mit 2 Tropfen Perhydrol versetzt und 3 Minuten gekocht, bis keine Gasentwicklung mehr wahrzunehmen ist. Darauf kühlt man auf 30° C herunter und läßt aus einer Pipette eine 5%ige wäßrige Lösung von Nitrosophenylhydroxylamin (Ammoniumsalz) in die Analysenlösung eintropfen. Dabei nimmt man die Pipette in die linke Hand, während man das Becherglas mit der Analysenlösung mit der rechten Hand leicht und gleichmäßig umschwenkt. In der Regel braucht man nur mehrere Tropfen Reagenslösung. Tritt bei Zugabe der ersten 2—3 Tropfen nur eine helle, gelblichweiße Trübung auf, so ist die Reagenszugabe zu beenden. Größerer Überschuß ist in jedem Falle zu vermeiden. Man setzt das Umschwenken noch 2 Minuten lang fort. Größere Kristallklumpen, die sich evtl. bilden, zerdrückt man wieder mit einem abgeflachten Glasstab.

Die Fällung wird nach 10 Minuten durch ein Blaubandfilter filtriert und mit 2n Salzsäure (Schwefelsäure) ausgewaschen.

*Arbeitsgang II.* [*8*]. Die Eisen(III) enthaltende salzsaure Lösung ($p_H$ 0,3—1,0) wird in einen Scheidetrichter überführt und 15 bis 20 ml eines Gemisches bestehend aus Benzol und Isoamylalkohol, 1:1, zugegeben. Sodann gibt man in kleinen Mengen eine frisch bereitete 0,3 m Kupferronlösung zu (4,65 g des Natriumsalzes in 100 ml Wasser). Man schüttelt einige Minuten lang und trennt die wäßrige Phase ab, während man die organische Schicht verwirft.

### Literatur

[*1*] HAMMOND, G. L.: J. Rubber Research **17**, 130 (1948).
[*2*] KRESS, K. E.: Analyt. Chemistry **29**, 803 (1957).
[*3*] BOGINA, L. L., u. I. P. MARTYUKHINA: Legkaya Prom. 17, No. 6, 31 (1957); Chem. Abstracts 51, 18678 (1957).
[*4*] SHNAIDERMAN, S. Y.: Ukrain. Khim. Zhur. **23**, 92 (1957); Chem. Abstr. **51**, 10307 (1957).
[*5*] GASTINGER, E.: Z. anal. Chem. **139**, 1 (1953).
[*6*] FURMAN, N. H., W. B. MASON u. J. S. PEKOLA: Anal. Chem. **21**, 1325 (1949).
[*7*] GINSBURG, L., K. MILLER u. L. GORDON: Anal. Chem. **29**, 46 (1957).
[*8*] FRITZ, J. S., M. J. RICHARD u. A. S. BYSTROFF: Anal. Chem. **29**, 577 (1957).
[*9*] TEICHER, H., u. L. GORDON: Anal. Chem. **23**, 930 (1951).

## 6. Aluminium

### Übersicht

Aluminiumhydroxyd, welches auf Grund seiner Herstellung Sulfat in größerer Menge enthalten kann, findet als Füllstoff hin und wieder Verwendung. Zu seiner Bestimmung ist ein nasser Aufschluß erforderlich, denn beim Veraschen bekommt man unlösliches Oxyd. Der Aufschluß wird zweckmäßig mit Salpetersäure und Perchlorsäure durchgeführt; liegt Bleiglätte vor, so raucht man zum Schluß am besten noch einmal mit Schwefelsäure ab. Die Al-Bestimmung kann aber auch im Rückstand des Paraffinölaufschlusses erfolgen (s. S. 7).

Nach der Abtrennung des unlöslichen Rückstandes kann Aluminium gefällt werden.

Bei der Fällung als Hydroxyd werden Lösungspartner adsorbiert, und der Niederschlag muß einige Zeit behandelt werden, bevor man filtrieren kann. Um eine dichtere Fällungsform zu bekommen, die besser filtrierbar ist und Lösungspartner weniger mitnimmt, kann man Bernsteinsäure und Harnstoff zu Hilfe nehmen in der Art, wie WILLARD und TANG [*1*] es vorschlagen.

Die 50 mg Al enthaltende schwach saure Lösung wird mit 50 ml 5%iger Bernsteinsäurelösung, 5 g Ammoniumchlorid und 2 g Harnstoff versetzt; dann wird verdünnt, 2 Std. lang leicht gekocht und schließlich filtriert.

Dieses Verfahren braucht allerdings nicht nur viel Zeit, sondern die angegebene Menge Ammoniumchlorid (und Harnstoff) ist so hoch, daß dadurch im Analysengang nachfolgende Bestimmungen ungünstig beeinflußt werden können[1].

So erscheint uns denn die von SMALES [2] mitgeteilte Methode, die mit Ammoniumbenzoat arbeitet, wesentlich vorteilhafter. Dieses Verfahren ist schnell und man braucht nicht so viel Ammoniumchlorid zu verwenden. Durch die dichte Niederschlagsform werden Lösungsparner nur in geringem Maße adsorbiert.

Die mittels Ammoniumbenzoat erhaltene Fällung kann geglüht und gewogen werden. Man kann den Niederschlag jedoch auch wieder lösen und Aluminium (und Eisen) volumetrisch in der von LACROIX [3] angegebenen Weise bestimmen. Dabei wird Aluminium acidimetrisch und Eisen oxydimetrisch ermittelt.

In Mischungen, die weder Eisenfarbstoffe noch Magnesium enthalten, kann Aluminium nach Abtrennung von Zink als Sulfid mit 8-Oxychinolin in der bekannten Art gefällt und bestimmt werden[2]. Auf die Möglichkeit der colorimetrischen Bestimmung mit Aurintricarbonsäure (Aluminon) [4] sei hier nur hingewiesen.

*ASTM-Standards.* Fällung als Hydroxyd ohne besondere Hilfsmittel. (Die Analyse von Mischungen mit Tonerdegel ist nicht ausdrücklich vorgesehen.)

### Aluminium. Fällung mittels Ammoniumbenzoat

*Prinzip der Methode.* Aluminium wird aus schwach saurer Lösung mittels Ammoniumbenzoat gefällt und der Niederschlag wird geglüht [2].

Für die Bestimmung von Tonerdegel macht man am besten einen nassen Aufschluß, wie auf S. 11 beschrieben. Die Anwesenheit von Mineralfarben ist zu beachten (s. S. 18).

*Reagentien.* Ammoniumacetatlösung: 10%ige wäßrige Lösung.

Ammoniumbenzoatlösung: 10%ige wäßrige Lösung.

Waschlösung: 10 g Ammoniumbenzoat und 20 ml Eisessig werden in 1 l Wasser gelöst ($p_H$ 3,8).

*Arbeitsgang.* Zu der schwach sauren (gewöhnlich salzsauren) Lösung (250—300 ml) gibt man 1 g Ammoniumchlorid, 20 ml Ammoniumacetatlösung, 20 ml Ammoniumbenzoatlösung und etwas Bromphenolblau als Indikator. Es wird auf 80° C erhitzt und auftretender Niederschlag mit Salzsäure gelöst[3]. Nun läßt man, während man umrührt, aus einer Pipette oder Burette verdünnte Am-

---

[1] s. S. 11, [3].    [2] Vgl. dazu W. T. BOLLETER, Anal. Chem. **31,** 201 (1959) sowie auch T. KAMBARA u. H. HASHITANI, Anal. Chem. **31,** 567 (1959).    [3] Benzoesäure ist bei 80° C löslich.

moniaklösung zulaufen, bis der Indikator umzuschlagen beginnt und gerade die erste Fällungserscheinung auftritt. Darauf wird die Lösung 1—2 Minuten gekocht, wobei mehr Niederschlag auftreten wird. In diesem Moment wird die Lösung gewöhnlich eben wieder sauer. Die Zugabe von verdünntem Ammoniak wird nun fortgesetzt, bis der Indikator die für $p_H$ 4 charakteristische rötlichblaue Farbe zeigt. Dann wird 2—3 Minuten vorsichtig gekocht; anschließend wird 30 Minuten lang auf das Wasserbad gestellt, damit sich der Niederschlag absetzen kann. Danach wird durch ein geeignetes Filter filtriert und mit heißer Waschflüssigkeit mehrmals gewaschen.

Der Niederschlag wird hoch geglüht und später als $Al_2O_3$ gewogen.

### Aluminium. Volumetrische Bestimmung des Niederschlags

*Prinzip der Methode.* Aluminiumhydroxyd- bzw. Benzoatniederschläge können mit Säure wieder gelöst und Al acidimetrisch bestimmt werden, Arbeitsgang I [*3*].

Man erhitzt mit Lauge-Überschuß und titriert mit Säure zurück. Der Niederschlag ist dann reines Hydroxyd.

Liegt Eisen mit vor (II), wird Fluorid als Komplexbildner verwendet. Die Bestimmung ergibt dann die Summe Eisen + Aluminium. Eisen allein wird oxydimetrisch bestimmt, am besten mit Cerisulfta und Ferroinindikator.

Calcium und Magnesium stören nicht.

*Reagentien.* Bromthymolblaulösung: 0,1%ige Lösung in 20%-igem Alkohol.

Kaliumfluoridlösung: 200 g Kaliumfluorid werden in 1 l Wasser gelöst; die Lösung wird mit einigen Tropfen Lauge gegen Thymolblau auf $p_H$ 8,5 gebracht.

Thymolblaulösung: 0,1%ige Lösung in 20%igem Alkohol.

*Arbeitsgang I.* Der Niederschlag wird mit warmer, verdünnter Salzsäure sorgfältig gelöst. Nach dem Abkühlen wird die klare Lösung quantitativ in einen 100-ml-Meßkolben überführt und zur Marke aufgefüllt.

*Freie Säure.* Man verdünnt 10 ml der etwa 0,1 m Aluminiumsalzlösung auf 100 ml, fügt 5 g Kaliumoxalat (neutral gegen Bromthylmolblau) zu und kocht einige Minuten, um $CO_2$ auszutreiben. Nach dem Abkühlen titriert man mit 0,1 n Lauge in Gegenwart von 5 Tropfen Bromthymolblaulösung auf $p_H$ 7,1 (Vergleichslösung!).

*Gesamtacidität.* Weitere 10 ml der Aluminiumsalzlösung werden auf 100 ml verdünnt und einige Minuten gekocht. Nach Zusatz von 5 Tropfen Bromthymolblaulösung läßt man 0,1n Lauge bis zum Bestehen einer schwach blauen Farbe ($p_H$ 7,4) zufließen, gibt einen Überschuß von 0,5 ml zu, kocht nochmals auf und titriert rasch mit 0,1n Salzsäure auf $p_H$ 7,0 gegen Vergleichslösung zurück.

*Arbeitsgang II*. Der Niederschlag wird gelöst und auf 100 ml aufgefüllt, wie bei Arbeitsgang I.

*Freie Säure*. 10 ml der etwa 0,1n Lösung der Metallsalze versetzt man mit 25 ml Kaliumfluoridlösung. Dann verdünnt man auf 100 ml und titriert mit 0,1n Lauge in Gegenwart von 5 Tropfen Thymolblaulösung auf $p_H$ 8,5 (Vergleichslösung).

*Gesamtacidität*. Man arbeitet wie in der eisenfreien Lösung, verwendet aber 7 Tropfen Bromthymolblaulösung und läßt den gefärbten Hydroxydniederschlag sich jedesmal absetzen, um genau beobachten zu können. Bei der Rücktitration titriert man auf $p_H$ 7,2.

### Literatur

[1] WILLARD, H. H., u. N. K. TANG: Ind. Eng. Chem., Anal. Ed. 9, 357 (1937).
[2] SMALES, A. A.: Analyst 72, 14 (1947).
[3] LACROIX, S.: Anal. Chim. Acta 1, 3 (1947).
[4] SMITH, W. H., E. E. SAGER, u. I. J. SIEVERS: Anal. Chem. 21, 1334 (1949).

## 7. Zink, Calcium, Magnesium
### Übersicht

Auf Grund seiner Eignung als Aktivator wird Zinkoxyd in verschiedenen Reinheitsgraden in den weitaus meisten Gummimischungen verwendet, wenn auch manchmal nur in geringer Menge. In Mischungen von Neoprene, Hypalon und Thiokol kann Zinkoxyd oder Magnesiumoxyd als Vulkanisationsmittel benutzt werden. Folglich wird die Bestimmung von Zinkoxyd häufig verlangt.

Zink kann in der Asche oder im Rückstand einer nassen Oxydation bestimmt werden. Bei chlorhaltigen Polymeren wie Neoprene und Hypalon[1] bildet sich während der Veraschung Zinkchlorid, welches verhältnismäßig flüchtig ist. In solchen Mischungen kann man daher Zink nicht in der Asche bestimmen, sondern man muß einen nassen Aufschluß mit Salpetersäure und Schwefelsäure durchführen. Liegt Magnesiumoxyd vor in Neoprenemischungen, so findet beim Veraschen kein Verlust statt [1].

In den meisten Gummimischungen befindet sich im säurelöslichen Teil der Asche oder des nassen Aufschlusses gewöhnlich nur Zinkoxyd oder Zinkoxyd und Calcium und/oder Magnesium.

---

[1] Handelsnamen der Firma E. I. du Pont de Nemours & Co., Inc.

Für diese drei Metalle gibt es eine Anzahl kombinierter oder getrennter Bestimmungsmöglichkeiten. In jedem Falle entfernt man jedoch zuerst zweckmäßig Aluminium und Eisenverunreinigungen aus der Analysenlösung (s. S. 22ff.).

Zink kann als Sulfid abgetrennt werden mittels Schwefelwasserstoff oder einem dieses Gas produzierenden Reagens, wie z. B. Thioformamid [2] oder Trithiokohlensäure[1] [3]. Zinksulfid kann in herkömmlicher Weise geglüht und gewogen, oder mit Zeitersparnis in Lösung gebracht und titriert werden, z. B. mit Kaliumhexacyanoferrat (II) in der von TYLER angegebenen Weise [4]. Der Endpunkt der Titration ist auch trübungstitrimetrisch bestimmt worden [5]. Weiterhin kann Zink mit Dinatriumdiäthyltetraazetat in Gegenwart von Eriochromschwarz T titriert werden [6]. Zink ist auch trübungscolorimetrisch mittels Natriumdiäthyldithiocarbamat bestimmt worden [7]. Auch als Anthranilat kann Zink isoliert und in dieser Form getrocknet und gewogen werden [8].

Calcium kann als Oxalat gefällt und dieses in herkömmlicher Weise mit Kaliumpermanganat titriert werden. Bei Gegenwart von Magnesium müssen gewisse Vorsichtsmaßregeln getroffen werden [9]. Calcium ist in Gummimischungen trübungscolorimetrisch als Oleat [10] und trübungstitrimetrisch als Oxalat [11] bestimmt worden.

FLASCHKA und SPITZY [12] beschrieben eine Mikrobestimmung von Calcium als $K_2Ca[Fe(CN)_6]$; Magnesium wird vorher als Oxinat abgeschieden. Die Fällung des Cyanidkomplexes wird bei $p_H$ 8 (Phenolrot) in Anwesenheit von Alkohol erhalten und wird entweder getrocknet und gewogen oder wieder gelöst und mit Cer (IV)-sulfat in Gegenwart von Ferroin titriert.

Die Bestimmung von Magnesium kann gravimetrisch ziemlich rasch mit 8-Oxychinolin in der bekannten Art erfolgen [13] wenn Aluminium und Zink vorher abgetrennt wurden. Wurde Calcium vorher als Oxalat abgetrennt, so muß der im Filtrat vorhandene Oxalatüberschuß durch Eindampfen und Glühen oder durch Oxydation mit Brom erst zerstört werden.

Vorteilhaft ist die colorimetrische Bestimmung mit Thiazolgelb, die erstmals von KOLTHOFF mitgeteilt [14] und über deren Anwendung bei der Analyse von Gummimischungen berichtet wurde [15], wobei im wesentlichen die Arbeitsweise von PIETERS, HANSSEN und GEURTS [16] übernommen wurde. Das Verfahren läßt sich so durchführen, daß Calcium nicht stört. Grundlegende Arbeiten über das Verfahren sind die von GINSBERG [17] und URBACH und BARIL [18].

---

[1] Vgl. dazu W. H. MCCURDY e. al., Anal. Chem. **31**, 1413 (1959).

Die komplexometrische Titration von zweiwertigen Metallen mit Äthylendiamintetraessigsäure in Gegenwart eines Adsorptionsindikators (z. B. Eriochromschwarz T) hat in den letzten paar Jahren sehr große Verbreitung gefunden und die darüber erschienenen Originalarbeiten gehen in die hunderte. Hier sei nur auf einige verwiesen, welche bei der Art von Substanzgemengen wie sie bei Gummianalysen vorkommen, direkt oder indirekt anwendbar sein könnten.

BARNARD u. a. [19] haben die Natur und Methoden der Endpunkterkennung bei ÄDTE-Titrationen untersucht. FLASCHKA[20] gab einen allgemeinen Überblick über ÄDTE-Titrationen. FLASCHKA und KHALAFALLA [21] diskutierten die Theorie der visuellen Endpunkterkennung bei komplexometrischen Titrationen und kamen auf Grund von Gleichgewichtserwägungen zu dem Schluß, daß nur sehr geringe Mengen des Adsorptionsindikators benutzt werden sollen. GELUKE u. a. [22] beschrieben eine ÄDTE-Titration von Calcium und Magnesium, wobei Calcium als Sulfit bei $p_H$ 5—7 gefällt und abfiltriert und Magnesium im Filtrat titriert wird. McCALLUM [23] beschrieb eine ÄDTE-Titration von Calcium und Magnesium mit Phthaleinrot als Indikator. Sulfat wird mit einer bekannten Menge Bariumchlorid gefällt und der Überschuß komplexometrisch titriert.

Calcein ist ein neuer Adsorptionsindikator für ÄDTE-Titrationen und soll sehr genaue Titrationen von Calcium und Barium gestatten [24]. Zink kann mit KCN und dreiwertiges Eisen mit Triäthanolamin maskiert werden.

Die bessere Endpunktschärfe mit Calcein bei der ÄDTE-Titration von Calcium in Gegenwart von Magnesiumhydroxyd wird von TUCKER bestätigt [25]. Eine kombinierte Calcium-Magnesiumtitration mit ÄDTE wird von SCHMIDT und REILLEY [26] beschrieben. Die Fällung von Magnesium ist nicht mehr nötig wenn Calcium komplexometrisch mit Äthylenglykol-bis-aminoäthyläther-N,N'-tetraessigsäure (von der Geigy A. G., Basel) in Gegenwart von Magnesium titriert wird. Die Summe von Calcium plus Magnesium wird durch Titration mit Äthylendinitriltetraessigsäure erhalten und Magnesium von der Differenz ermittelt.

Ein neuer Farbstoff, Calcon, gestattet die komplexometrische Titration von Calcium mit ÄDTE.

Gewöhnlich werden Calcium plus Magnesium zusammen titriert bei $p_H$ 10 in ammoniakalischer Lösung gegen Eriochromschwarz T, und in einer zweiten Titration in alkalischer Lösung bei $p_H$ 12—13, wobei Magnesium als Hydroxyd niedergeschlagen ist, wird Calcium gegen Murexid (Ammoniumpurpurat) titriert. In Gegenwart von Magnesiumhydroxyd ist der mit Murexid erhaltene Endpunkt jedoch nicht scharf. Ein neuer Farbstoff, Calcon, wird anstelle von Murexid (Ammoniumpurpurat) empfohlen. Die Summe Calcium plus Magnesium wird wie gewöhnlich gegen Eriochromschwarz T ermittelt, und Calcium wird bei $p_H$ 12 bis 13 titriert in Gegenwart von Diäthylamin, zu einem blauen Endpunkt. Dieser ist trotz Gegenwart von Magnesiumhydroxyd scharf. Die Methode ist sehr empfindlich und genau [27].

MUSTAFIN und KASHKOVSKAYA [28] beschrieben eine neue Gruppe komplexometrischer Indikatoren. Chromoxangruen GG sei viel besser geeignet für die Titration von Magnesium als Eriochromschwarz T.

ROBERTSON [29] hat in einer sehr feinen Arbeit die schrittweise komplexometrische Bestimmung von Zink, Calcium und Magnesium im Glührückstand von Gummimischungen beschrieben, welche auf Seite 35 im einzelnen wiedergegeben ist.

BRICKER und PARKER [30] weisen darauf hin, daß man Magnesium mit Äthylendinitriltetraessigsäure bei $p_H$ 3,5—4,0 quantitativ fällen und die Fällung zur Gewichtsanalyse benutzen kann.

Ein Verfahren zur colorimetrischen Bestimmung von Calcium bei $p_H$ 11 mittels Murexid (Ammoniumpurpurat) wurde von GORSUCH und POSNER beschrieben [31]. Ein neuer empfindlicher Farbstoff geeignet für eine colorimetrische Bestimmung von Calcium in Gegenwart von Magnesium wurde von KINGSLEY und ROBNETT mitgeteilt [32].

Das Buch von WELCHER [33] enthält eine Fülle von Material über Titrationen mit ÄDTE.

## Zink. Fällung als Anthranilat

*Bemerkung.* Einfach aufgebaute Gummimischungen enthalten meistens viel ZnO relativ zu anderen Füllstoffen. Solche Mischungen können nach der vorliegenden Methode analysiert werden. Die Analysenlösung kann salzsauer oder schwefelsauer sein; sie darf keine Eisensalze mehr enthalten.

*Prinzip der Methode.* Zink wird aus annähernd neutraler Lösung ($p_H$ 5) mit Anthranilsäure gefällt. Die Fällung kann schnell und leicht filtriert werden. Der Niederschlag wird getrocknet und ausgewogen.

*Reagentien.* Natriumanthranilatlösung: 3 g Anthranilsäure werden in 22 ml 1n Natronlauge gelöst, filtriert und mit Wasser auf 100 ml verdünnt. Die Lösung soll schwach sauer reagieren. Man soll nur frische Lösungen benutzen.

*Arbeitsgang.* Die Lösung wird mit etwa 1 n Natronlauge, die man unter ständigem Umrühren aus einer Bürette zufließen läßt, annähernd neutralisiert (keine inneren Indikatoren verwenden, wenn im Filtrat colorimetrische Bestimmungen erfolgen sollen!). Man arbeitet zweckmäßig mit Mercks Universal-Indikatorpapier; dieses soll tiefgelb gefärbt werden (etwa $p_H$ 5). Die Lösung muß klar sein.

Man erwärmt auf 50° C und läßt aus einer Pipette Natrium-anthranilatlösung von derselben Temperatur zufließen, während man gleichzeitig umrührt. Die Fällung wird 20 Minuten stehen gelassen und in dieser Zeit ab und zu leicht umgerührt. Nach dem Abkühlen vergewissert man sich, ob die Fällung quantitativ war, indem man noch etwas Reagenslösung zugibt und beobachtet, ob sich innerhalb der nächsten 10 Minuten noch neuer Niederschlag bildet.

Die Fällung wird mit mäßiger Geschwindigkeit in eine vorbereitete G-3-Glasfritte gesaugt und kurz mit einer kleinen Menge 10fach verdünnter, kalter Reagenslösung und schließlich mit 5 ml Äthylalkohol gewaschen.

Fritte mit Niederschlag werden bei 110° C bis zur Gewichtskonstanz getrocknet, im Exsiccator abgekühlt und gewogen.

### Zink. Abtrennung als Sulfid

*Prinzip der Methode* Aus der schwach sauren, eisensalzfreien Analysenlösung wird Zink mittels Schwefelwasserstoff als Sulfid gefällt und dieses abfiltriert.

*Reagentien.* 2 n Monochloressigsäurelösung (190 g pro Liter);
1 n Natriumacetatlösung (136 g pro Liter);
Gelatinelösung, 0,02%ig wäßrig;
2 n Natronlauge.

*Arbeitsgang [34].* Die nicht viel freie Säure enthaltende Chloridlösung wird tropfenweise mit Natronlauge versetzt, bis eine Trübung eben bestehen bleibt. Dann gibt man 10 ml Monochloressigsäurelösung zu und rührt um, bis die Lösung völlig klar ist; hierauf werden 10 ml Natriumacetatlösung zugesetzt, mit heißem Wasser auf etwa 150 ml verdünnt und in die nun etwa 40° warme Lösung Schwefelwasserstoff 10—15 Minuten lang in mäßigem Strom eingeleitet. Daraufhin führt man 2—5 ml Gelatinelösung ein, wobei der Niederschlag ausflockt und sich schnell absetzt. Nach etwa 15 Minuten wird durch ein dünnes Blaubandfilter filtriert und mit warmem Wasser mehrmals gewaschen.

Der gewaschene Niederschlag kann entweder geglüht und gewogen, oder in warmer verdünnter Schwefelsäure gelöst und weiter behandelt werden.

## Zink. Titration mit Kaliumhexacyanoferrat (II)

Die Methode ist ein volumetrisches Verfahren mit p-Äthoxychrysoidin oder Diphenylbenzidin als Endpunktsindikator [4]. Das Verfahren kann im Analysengang und auch für Einzelbestimmungen benutzt werden. Da es ursprünglich für letzteren Zweck entwickelt worden war, wird der Arbeitsgang entsprechend für die Analysierung von Vulkanisaten beschrieben.

*Reagentien.* Maßflüssigkeit: 0,04 m Kaliumferrocyanidlösung. Die Titerstellung erfolgt gegen 0,1 n Kaliumpermanganatlösung.

Zinkstandardlösung: 0,06 m wäßrige Zinkchloridlösung. Die Titerstellung erfolgt gegen eingestellte Kaliumferrocyanidlösung.

Kaliumferricyanidlösung: 1%ige wäßrige Lösung (in brauner Flasche aufzubewahren).

p-Äthoxychrysoidinindikator: 0,2%ige Lösung in halbkonzentrierter Schwefelsäure (in brauner Flasche aufzubewahren).

Diphenylbenzidinindikator: 1%ige Lösung in konzentrierter Schwefelsäure.

Waschlösung: 25 g Ammoniumsulfat und 10 ml Ammoniak pro Liter dest. Wasser.

*Arbeitsgang I.* Der von 0,5—2,0 g der zu analysierenden Mischung erhaltene Glührückstand wird mit 5 ml Salzsäure (1,16) und 5 ml Schwefelsäure (1,84) behandelt, auf 50 ml verdünnt und aufgekocht; dann gibt man 5 ml Bromwasser zu, kühlt ab, neutralisiert mit Ammoniak, gibt 5 ml Ammoniak im Überschuß zu und kocht 1 Minute lang. Man filtriert heiß und wäscht 4 mal mit je 25 ml Waschlösung.

Das Filtrat wird auf 100 ml eingeengt; dann überzeugt man sich, daß die Lösung nicht mehr merklich nach Ammoniak riecht. Man gibt 5 ml Schwefelsäure (1,84) zu, kocht auf, und hält dann mindestens 10 Minuten lang bei gelindem Sieden.

Dann wird bei 90° titriert. Man gibt 4—6 Tropfen p-Äthoxychrysoidinindikator und 4—7 Tropfen Kaliumferricyanidlösung zu, letzteres immer in gleichen oder größeren Mengen als Indikator. Man schüttelt, bis die rote Farbe nach gelb umschlägt und titriert, bis eine intensive bleibende Rosafärbung sichtbar ist. Hierauf wird mit Zinkstandardlösung zu blassem Grün zurücktitriert. Man wiederholt Vor- und Rücktitration, bis einige Tropfen Zinklösung ein blasses Apfelgrün verursachen. Zink muß grundsätzlich zuletzt zugegeben werden.

*Arbeitsgang II.* Bis zur Zugabe des Indikators wird genau so gearbeitet, wie für Arbeitsgang I beschrieben.

Man gibt 4 Tropfen Diphenylbenzidin-Indikator und 4—5 Tropfen Kaliumferricyanidlösung zu. Wenn keine tiefblaue Farbe entsteht, setzt man langsam Schwefelsäure zu, bis sich die Farbe entwickelt. Man titriert mit Kaliumferrocyanid, bis die blaue Farbe merklich verblaßt, unterbricht die Titration, schwenkt nach Zugabe einiger Tropfen Schwefelsäure um, bis eine tiefe Purpurfärbung erscheint und setzt dann die Titration bis zum Auftreten einer gelbgrünen Farbe fort. Eine Rücktitration ist statthaft; Ferrocyanid muß zuletzt zugegeben werden.

## Calcium. Bestimmung als Oxalat

*Prinzip der Methode* [9]. 1. Gegenwart von weniger als 25% Magnesium. Die von Zink befreite Lösung wird mit einer überschüssigen Menge von Oxalsäure versetzt und ammoniakalisch gemacht. Nach Behandlung auf dem Dampfbad wird filtriert; der Niederschlag wird in Schwefelsäure gelöst und mit Kaliumpermanganat titriert.

2. Gegenwart von mehr als 25% Magnesium. Überschüssiges Ammoniumoxalat wird der Analysenlösung zugegeben und die Fällung filtriert und weiter verarbeitet.

*Arbeitsgang I.* Die von Zink befreite, mit Ammoniak neutralisierte und mit Salzsäure eben wieder angesäuerte Lösung wird mit 10—15 ml 10%iger Oxalsäurelösung versetzt, 2 Minuten gekocht und schließlich mit kaltem Wasser auf etwa 300 ml verdünnt. Dann wird vorsichtig mit Ammoniak neutralisiert und noch 2 ml konzentrierte Ammoniaklösung im Überschuß zugegeben.

Die Fällung wird 1—2 Stunden lang auf dem Dampfbad behandelt; dann läßt man abkühlen und filtriert vorsichtig bei mäßigem Saugen auf ein doppeltes Blaubandfilter in einem Büchner-Trichter. Man wäscht einmal mit schwach ammoniakalischer, 2%iger Ammoniumoxalatlösung von etwa 35° C und schließlich 2—3mal mit kaltem, schwach ammoniakalisch gemachtem dest. Wasser.

Die Fällung wird in heißer 6n Schwefelsäure gelöst und heiß mit 0,1 n Kaliumpermanganatlösung titriert.

Aus dem Verbrauch an Maßflüssigkeit errechnet man den Calciumgehalt der Probe.

*Arbeitsgang II.* In einem Becherglas löst man Ammonium oxalat (10 Mol auf 1 Mol zu bestimmendes Mg) in 200 ml Wasser, kühlt auf Zimmertemperatur und macht 0,05 m essigsauer.

Die 100—150 mg Ca + Mg enthaltende Analysenlösung, welche vorher mit Ammoniak neutralisiert und eben essigsauer gemacht wurde, läßt man in die Ammoniumoxalatlösung einfließen, erwärmt das ganze 15 Minuten auf dem Dampfbad, läßt 4 Stunden stehen und behandelt weiter wie in Arbeitsgang I beschrieben.

## Magnesium. Colorimetrische Bestimmung mittels Thiazolgelb

*Prinzip der Methode.* Ausgefälltes Magnesiumhydroxyd adsorbiert Thiazolgelb und erscheint dann rot. Ist ein Schutzkolloid zugegen und werden bestimmte Bedingungen eingehalten, so kann die Rotfärbung colorimetriert werden.

*Reagentien und Apparatur.* Magnesiumstandardlösung:

$0,817$ g $MgCl_2 \cdot 6\ H_2O$ oder

$1,013$ g $MgSO_4 \cdot 7\ H_2O$ in 1 Liter Wasser.

Calciumsulfatlösung: kalt gesättigt wäßrig;
Stärkelösung: 2%ig wäßrig (filtrieren!);
Thiazolgelblösung: genau 1 g/l, wäßrig (frisch bereitet);
Natronlauge: 2n wäßrig.
Apparatur: Lange-Colorimeter oder anderes zweckentsprechendes Meßgerät.

*Herstellung der Standardkurven.* Der Arbeitsbereich liegt zwischen 0 und 1,2 mg Mg pro 100 ml; demgemäß arbeitet man mit 100-ml-Meßzellen, unter Verwendung von Grünfiltern. Thiazolgelb- und Stärkelösung sollen frisch bereitet sein. Die Messungen werden jeweils nach 40 Minuten Wartezeit bei Zimmertemperatur durchgeführt, in der Weise, wie im Arbeitsgang beschrieben.

*Bemerkung a).* Die Extinktion ist solange eine lineare Funktion der Mg-Konzentration, als der Farbstoff im Überschuß vorhanden ist (Abb. 2). Wenn bei einem gegebenen Magnesiumgehalt

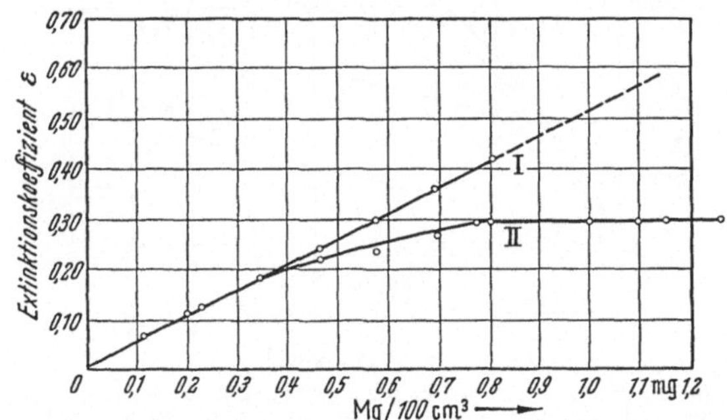


Abb. 2. Eichkurve für die Magnesiumbestimmung: I bei überschüssigem Farbstoff (angenäherte Lage!). II bei Farbstoff im Unterschuß (starkes Abweichen!)
Aus H. GINSBERG, Z. Elektrochem. 45, 829 (1939)

der Lösung die Farbstoffmengen gesteigert und Meßpunkte festgelegt werden, erhält man Kurven gemäß Abb. 3. Die Kurve hat vom ersten Meßpunkt an die Tendenz, von der Geraden abzubiegen. Aus diesem Grunde entspricht kein Punkt dieses Kurvenastes einem festen Verhältnis und darf daher auch nicht für die Aufstellung einer Eichkurve verwendet werden. Führt man aber eine größere Reihe sorgfältiger Messungen mit verschiedenen Ma-

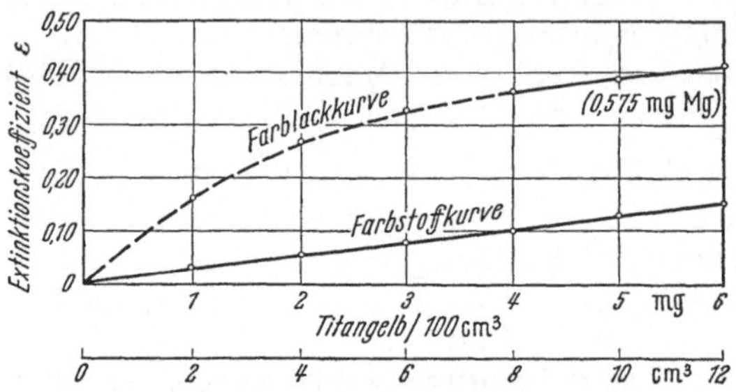


Abb. 3. Farbstoff-Farblack-Extinktionskurven.
Aus H. GINSBERG: Z. Elektrochem. 45, 829 (1939)

gnesium-Gehalten durch, so findet man, daß der Beginn des geradlinigen Verlaufes des Farbstoffastes der Kurve in jedem Fall durch einen Punkt scharf definiert ist (Abb. 4). Die Endpunkte der

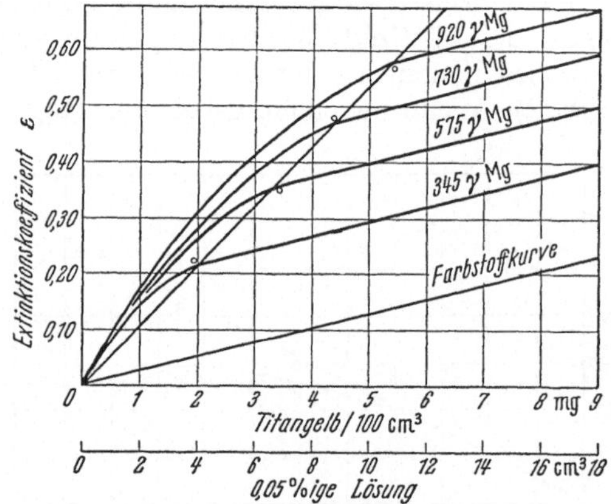


Abb. 4. Farbstoff-Extinktionskurven bei konstanten Magnesium-Gehalten — Festlegung der endgültigen Eichkurve. Aus H. GINSBERG, Z. Elektrochem. 45, 829 (1939)

gekrümmten Kurvenäste nämlich, also die Anfangspunkte des jeweiligen geradlinigen Verlaufes, liegen auf einer Geraden, die durch 0 geht. Hiermit ist die wirkliche Eichkurve gefunden, denn sämtliche Punkte, die auf ihr liegen, entsprechen einem eindeutigen Gleichgewicht, das durch ein bestimmtes Absättigungsverhältnis zwischen vorhandenem Magnesium und Farbstoff erreicht und unabhängig von der überschüssigen Menge des letzteren ist. Damit ist auch klar, daß sämtliche Punkte des anfänglichen Kurvenverlaufes unbestimmten Gleichgewichten entsprechen müssen [4].

*Bemerkung b).* Calcium vertieft die Färbung, erreicht dabei jedoch ein konstantes Maximum. Deshalb kann in Gegenwart eines Überschusses von Calcium gearbeitet werden, wenn die Eichkurven unter entsprechenden Bedingungen hergestellt wurden.

*Arbeitsgang.* Von der in einem 250-ml-Meßkolben befindlichen, von Eisen, Aluminium und Zink befreiten schwachsauren Analysenlösung entnimmt man eine 0,5—1,0 mg Mg enthaltende Menge, überführt in einen 100-ml-Meßkolben und gibt nacheinander:

| | |
|---|---|
| 5 ml Calciumlösung, | 10 ml Stärkelösung und |
| 10 ml Glycerin, | 10 ml Thiazolgelblösung |

zu. Man durchmischt den Kolbeninhalt und läßt dann unter lebhaftem Umschwenken aus einer Pipette langsam Natronlauge zutropfen, bis die Gelbfärbung mit einem Tropfen der Lauge eben in Hellrot umschlägt. Darauf unterbricht man die Laugezugabe und fügt dann genau 10 ml 2n Natronlauge unter Umschwenken zu. Man füllt mit destilliertem Wasser zur Marke auf, schüttelt gut durch und gießt den Inhalt in eine vorbereitete Meßzelle. Diese wird zugedeckt und nach 40 Minuten gegen Wasser unter Verwendung von Grünfiltern im photoelektrischen Colorimeter zur Messung gebracht. Den Mg-Gehalt der verwendeten Menge der Analysenlösung ersieht man aus den Standardkurven. Man rechnet auf Gesamtvolumen bzw. Einwaage um.

Das Ganze wird mit geringeren oder größeren Mengen der Analysenlösung wiederholt, je nach dem, in welches Kurvengebiet man gekommen ist. Anderseits kann die Menge der Farbstofflösung geändert werden. Man soll drei weitgehend übereinstimmende Resultate erzielen (Fehlerbreite $\pm 4\%$).

### Zink, Calcium, Magnesium. Komplexometrische Titration

*Prinzip der Methode.* Das Verfahren ist unverändert von ROBERTSON übernommen [29]. Drei verschiedene Portionen einer Lösung des Glührückstandes werden unter drei verschiedenen Bedingungen mit Äthylendiamintetraessigsäure titriert. Die erste Portion wird bei $p_H$ 10 in Gegenwart von Eriochromschwarz T titriert. Das Ergebnis stellt den gesamten Gehalt an zweiwertigen Metallen dar. Die zweite Portion wird nach Zugabe von Kaliumcyanid titriert, wobei Zink maskiert ist. Das Ergebnis stellt die Summe Calcium plus Magnesium dar. Die dritte Portion wird bei

$p_H$ 12 in Gegenwart von Murexid (Ammoniumpurpurat) titriert und ergibt den Calciumgehalt. Von den drei Resultaten läßt sich, direkt oder durch die Differenz, die Konzentration eines jeden einzelnen Metalls leicht errechnen.

*Reagentien.* Maßflüssigkeit: 1/25 n ÄDTE-Lösung.

7,44 g wasserfreies Dinatriumsalz der ÄDTE werden in Wasser gelöst, in einen Meßkolben überführt und auf 1 l aufgefüllt.

Pufferlösung: 67,5 g Ammoniumchlorid werden in Wasser gelöst, 570 ml Ammoniumhydroxyd (0,88) zugefügt und das Gemisch auf 950 ml aufgefüllt. Zu dieser Lösung gibt man 0,616 g Magnesiumsulfatheptahydrat und 0.93 g festes ÄDTE, Dinatriumsalz, in 50 ml Wasser gelöst.

Eriochromschwarz T Indikatorlösung: 0,5 g Eriochromschwarz T und 4,5 g Hydroxylaminhydrochlorid werden in 100 ml Äthylalkohol gelöst.

Murexid (Ammoniumpurpurat) Indikator: Ein Gewichtsteil Ammoniumpurpurat und 100 Gewichtsteile Natriumchlorid werden zu einem feinen Pulver zusammen verrieben.

Kaliumcyanidlösung: 10%ige wäßrige Lösung.

Natriumhydroxyd: 10%ige wäßrige Lösung.

Methylorange-Lösung: 0,5%ige wäßrige Lösung.

*Arbeitsgang.* Die von unlöslichen Mineralien, Schwermetallen sowie Eisen und Aluminium befreite Lösung des Glührückstandes wird in einen 250 ml Meßkolben überführt und zur Marke aufgefüllt.

*1. Summe von Zink, Calcium und Magnesium.* 25 ml der Analysenlösung werden in einen 250 ml Weithals-Erlenmeyerkolben pipettiert und 5 ml Pufferlösung und etwa 70 ml Wasser zugefügt. Nach Zugabe von 5 bis 6 Tropfen Eriochromschwarz T Indikatorlösung wird mit der Maßflüssigkeit zu einem rein blauen Endpunkt titriert ($T_1$). Eine Blindprobe ist auszuführen.

Sofern der Endpunkt (von violett nach blau) schwer zu erkennen ist, kann der von GERLACH[1] beschriebene Mischindikator benutzt werden. Demgemäß wird Methylorange zusammen mit Eriochromschwarz T zugegeben, so daß die anfängliche Färbung weinrot ist und der Farbumschlag von weinrot über graubraun nach grün verläuft.

*2. Summe von Calcium und Magnesium.* 25 ml der Analysenlösung werden in einen 250 ml Weithals-Erlenmeyerkolben gegeben und 5 ml Kaliumcyanidlösung und etwa 70 ml Wasser zugegeben. Dann fügt man Indikatorlösung zu wie unter 1) beschrieben und titriert ($T_2$).

---

[1] GERLACH, K.: Angew. Chem. **67**, 178 (1955).

*3. Calcium.* 25 ml der Analysenlösung werden in einen 250 ml Weithals-Erlenmeyerkolben überführt und 5 ml Kaliumcyanidlösung, 5 ml Natriumhydroxydlösung sowie 65 ml Wasser zugegeben. Man fügt genügend Ammoniumpurpurat-Indikator zu um eine tiefe Färbung zu erzeugen (etwa 0,1 g) und titriert mit der Maßflüssigkeit zu einem rot-violetten Endpunkt ($T_3$).

*Errechnung der Ergebnisse.*

$$1 \text{ ml } 1/25\text{n ÄDTE-Maßflüssigkeit} \equiv 1{,}628 \text{ mg ZnO}$$
$$\equiv 1{,}122 \text{ mg CaO}$$
$$\equiv 0{,}806 \text{ mg MgO}$$
$$\equiv A/25 \text{ mg zweiwertiges Metall}$$
$$\text{mit einem Grammaequiva-}$$
$$\text{lentgewicht A.}$$

$$\% \text{ ZnO in der Kautschukprobe} = \frac{(T_1 - T_2) \times F \times 1{,}628}{W}$$

$$\frac{T_3 \times F \times 1{,}122}{W}$$

$$\frac{(T_2 - T_3) \times F \times 0{,}806}{W},$$

wobei $F$ der Faktor der Maßflüssigkeit und $W$ das Gewicht der Gummiprobe bedeuten.

*Bemerkungen.* a) Die ÄDTE-Maßflüssigkeit wird eingestellt unter Verwendung einer 1/25 normalen Lösung von analysenreinem Calciumcarbonat. 25 ml dieser Standardlösung werden titriert wie unter 1. beschrieben.

b) Sofern Calcium oder Magnesium als Carbonate vorliegen, ändert sich die Errechnung der Ergebnisse entsprechend.

### Literatur


[1] STERN, H. J., u. D. HINSON: India-Rubber J. **125**, 1010 (1953).
[2] GAGLIARDI, E., u. A. LOIDL: Z. anal. Chem. **132**, 33 (1951).
[3] PILZ, W.: Monatsh. f. Ch. **83**, 471 (1952).
[4] TYLER, W. P.: Ind. Eng. Chem., Anal. Ed. **14**, 114 (1942).
[5] FREY, H. E.: Z. anal. Chem. **132**, 276 (1951).
[6] FALLER, F. E.: Z. anal. Chem. **139**, 15 (1953).
[7] KRESS, K. E.: Anal. Chem. **30**, 432 (1958).
[8] FREY, H. E.: Anal. Chim. Acta **5**, 313 (1951).
[9] HOLTH, T.: Anal. Chem. **21**, 1221 (1949).
[10] FREY, H. E.: Anal. Chim. Acta **5**, 317 (1951).
[11] FREY, H. E.: Z. anal. Chem. **133**, 328 (1951).
[12] FLASCHKA, H., u. H. SPITZY: Mikrochem. **34**, 269 (1949).
[13] BERG, R.: Das o-Oxychinolin; Sammlung „Die chemische Analyse", S. 34. Stuttgart: Enke 1935.
[14] KOLTHOFF, I. M.: Biochem. Z. **185**, 344 (1927).
[15] FREY, H. E.: Anal. Chim. Acta **5**, 313 (1951).

[16] Pieters, H. A. J., W. J. Hanssen, u. J. J. Geurts: Anal. Chim. Acta **2**, 241 (1948).
[17] Ginsberg, H.: Z. Elektrochem. **45**, 829 (1939).
[18] Urbach, C., u. R. Baril: Michrochem. **14**, 343 (1934).
[19] Barnard, A. J., W. C. Broad, u. H. Flaschka: Chemist-Analyst **45**, 86, 111 (1956).
[20] Flaschka, H.: Angew. Chem. **69**, 707 (1957).
[21] Flaschka, H., u. S. Khalafalla: Z. anal. Chem. **156**, 401 (1957).
[22] Geluke, C. W., H. E. Affsprung, and Y. C. Lee: Anal. Chem. **26**, 1944 (1954).
[23] McCallum, J. R.: Can. J. Chem. **34**, 921 (1956).
[24] Koerbl, J., u. F. Vydra: Chem. Listy **51**, 1457 (1957). Chem. Abstr. **51**, 16193 (1957).
[25] Tucker, B. M.: Analyst **82**, 284 (1957).
[26] Schmid, R. W., u. C. N. Reilley: Anal. Chem. **29**, 264 (1957).
[27] Hildebrand, G. P., u. C. N. Reilley: Anal. Chem. **29**, 258 (1957).
[28] Mustafin, I. S., u. E. A. Kashkovskaya: Zavodskaya Lab. **23**, 519 (1957). Chem. Abstr. **52**, 961 (1958).
[29] Robertson, C. M.: Trans. Inst. Rubber Ind. **33**, No. 3, 97 (1957).
[30] Bricker, C. E., u. G. H. Parker: Anal. Chem. **29**, 1470 (1957).
[31] Gorsuch, T. T., u. A. M. Posner: Nature **176**, 268 (1955).
[32] Kingsley, G. R., u. O. Robnett: Techn. Bull. Registry Med. Technologists **27**, 1 (1957); Am. J. Clin. Pathol. **27**, 223 (1957). Chem. Abstr. **51**, 10300 (1957).
[33] Welcher, F. J.: The Analytical Uses of Ethylenediaminetetraacetic Acid; Toronto/New York/London: Van Nostrand 1958.
[34] Mayr, C.: Z. anal. Chem. **92**, 166 (1933).

## 8. Schwefel

### Übersicht

*Gesamtschwefel.* Gesamtschwefel ist die Summe von organisch gebundenem Schwefel, organischem Schwefel (in manchen Beschleunigern und anderen organischen Mischungskomponenten) und freiem Schwefel. Anorganischer Schwefel (z. B. in Schwerspat oder Lithopone, oder als Verunreinigung von Füllstoffen) soll nicht zum Gesamtschwefel gerechnet werden.

Das klassische Verfahren zur Bestimmung von Gesamtschwefel bedient sich eines nassen Aufschlusses der Probe mit Salpetersäure und Brom, und späterer Fällung und gravimetrischer Bestimmung des gebildeten Sulfats als Bariumsulfat.

Sowohl der Aufschluß wie die Sulfatbestimmung werden jedoch heute wesentlich schneller durchgeführt.

Für den Aufschluß bestehen drei Möglichkeiten, wovon jede in den Einzelheiten der Anwendung Modifizierungen unterworfen sein mag.

1. Nasser Aufschluß mit Salpetersäure und Perchlorsäure [*1—3*]
2. Verbrennung im Sauerstoffstrom [*4—6*]
3. Aufschluß mit Natriumperoxyd in der Bombe [*7, 8*].

Der Perchlorsäureaufschluß kann als Makro- oder Halbmikroverfahren durchgeführt werden. G. F. Smith, eine Autorität auf dem Gebiet der nassen Oxydation organischer Substanzen, weist auf die Vorteile des Perchlorsäureaufschlusses hin und auf seine Gefahrlosigkeit, solange Salpetersäure im Anfangsstadium der Oxydation mitverwendet wird. Auch der Einfluß von Vanadiumpentoxyd wird besprochen [9].

Gesamtschwefel plus anorganischer Schwefel kann mittels einer Alkalischmelze ermittelt werden, z. B. in Mischungen, welche Schwerspat, Antimon oder Bleiverbindungen enthalten, oder wenn der Schwefelgehalt der Probe zehn Prozent übersteigt[1].

Schoeniger [10] beschrieb eine neue Verbrennungsmethode für organische Substanzen in einem mit Sauerstoff gefüllten Erlenmeyerkolben. Lysyj und Zarembo [11] haben das Verfahren aufgegriffen und sind von dessen Einfachheit und gutem Funktionieren beeindruckt.

Taranenko fand, daß die Carius-Verbrennungsmethode bei Verwendung eines Sauerstoffstroms zu Fehlergebnissen führen kann, was durch Verwendung von Luft anstelle von Sauerstoff vermieden werden kann [12]. Rehner und Holowchak [13] benutzten eine Verbrennungsmethode zur Bestimmung von Schwefel in Butylmischungen. Hammond und Morley [14] verglichen die Perchlorsäure-, die Carius- und die Natriumperoxyd-Soda-Schmelzmethode und fanden, daß die Carius-Methode die besten Ergebnisse liefert; mit Perchlorsäure werden angeblich etwas niedrige Werte erhalten, besonders bei Ebonit, während die Schmelzmethode gute Werte bei Ebonit, hingegen aber zu hohe Werte bei weichen Mischungen liefert.

Für die Sulfatbestimmung gibt es zahlreiche Verfahren, jedoch es führte über den Rahmen dieser Arbeit, sie alle zu besprechen. Nummer eins auf der Liste ist natürlich die klassische gravimetrische Bestimmung als Bariumsulfat. Volumetrische oder colorimetrische Methoden sind jedoch wegen ihrer Schnelligkeit und einfachen Handhabung vorteilhafter. Wegen ihrer oft hohen Empfindlichkeit kann mit kleineren Mengen gearbeitet werden.

Oft ist es zweckmäßig, störende Ionen vorher zu beseitigen, was mittels einer Ionenaustauschersäule recht einfach ist. Dies ist z. B. wichtig, wenn Eisenpigmente oder Chromoxyd in der Probe vorhanden sind. Manche Kaoline, Kreiden, Tonerde, etc. bringen erhebliche Mengen $Fe^{+++}$ in die Lösung, was gewöhnlich schon an deren Gelbfärbung erkennbar ist. Wir sind der Auffassung, daß ein Kationenaustauscher allgemein benutzt werden soll.

---

[1] Mitteilung von Dr. R. Miksch.

Sulfat kann mit Benzidin gefällt und alkalimetrisch bestimmt werden [2, 15]. Keller und Munch [16] diazotieren Benzidinsulfat mit Kaliumnitrit im Zuge einer potentiometrischen Titration. Rice und Kohn [17] bestimmen Benzidin colorimetrisch durch Oxydation mit Permanganat in Gegenwart von Salpetersäure.

Anstatt Benzidin kann 4-Amino-4'-chlorodiphenylhydrochlorid benutzt werden [18]. Wagner [19] titriert Sulfat mit Bariumperchlorat gegen einen Thorin-Methylenblau Mischindikator.

Alizarinrot S kann als Absorptionsindikator bei der Titration von Sulfat mit Bariumchlorid dienen [20], wobei unter diskreten Bedingungen ein Farbumschlag von gelb nach rosa erhalten wird.

Störende Kationen werden vorher mittels einer Austauschersäule entfernt. Danach werden der etwa 2 bis 4 Millimole Sulfat in 45 ml enthaltenden Lösung 40 ml Methylalkohol zugegeben und der $p_H$-Wert mittels verdünnter Magnesiumacetatlösung oder Perchlorsäure auf 3,0 bis 3,5 gebracht. Man titriert mit einer Standard-Bariumchlorid- oder Bariumperchloratlösung und fügt ziemlich rasch etwa 90 Prozent der benötigten Reagensmenge zu. Daraufhin werden 5 Tropfen Alizarinrot S zugegeben und bis zum ersten bleibenden rosa titriert. Die letzten Tropfen werden langsam zugefügt. In Gegenwart eines mechanischen Rührers ist die Titration einfacher, da der Endpunkt dann sehr deutlich erkennbar ist.

Fritz und Yamamura [21] bestätigen, daß der Endpunkt leicht erkennbar ist. Alizarinrot S wurde auch von Akiyama und Harada [22] zur Titration von Sulfat verwendet und es wurde beobachtet, daß in Gegenwart von HCl oder $HNO_3$ hohe Ergebnisse erhalten werden. Lang und Pilz [23] schlugen eine Modifikation vor für Lösungen welche viel Chlorid enthalten. Dessen Einfluß wird beseitigt durch Zugabe von Quecksilberacetat $(Hg^{++}:Cl^- = 3,5:10)$. Vorher wird die Lösung durch eine Austauschersäule von Levatit S 100 gegeben.

Bauminger [24] wendete das Verfahren von Tettweiler und Pilz [25] auf die Bestimmung von Schwefel in Kautschuk an, wobei das Sulfat mit einer bekannten Menge einer Bariumchlorid-Standardlösung gefällt und das überschüssige Barium komplexometrisch mit Dinatriumdiäthyltetraacetat in Gegenwart von dessen Zinkkomplex zurücktitriert wird. Bond [26] benutzte statt des letzteren Magnesiumchlorid. In analoger Weise kann mit Diäthylentriaminpentaacetat gearbeitet werden [27].

Kress [3] fällt das Sulfat als Bleisulfat, wäscht dies mit Aceton und löst es in 50prozentiger Salzsäure. Der entstehende Bleichloridkomplex zeigt eine starke Absorption im ultravioletten Bereich (270 m$\mu$), was eine spektrophotometrische Bestimmung erlaubt.

Sulfat im Aufschluß von Gummimischungen kann trübungs-titrimetrisch mit Bariumchlorid und einem Colorimeter bestimmt werden [2, 28].

LUKE [29] reduziert das Sulfat mittels Jodwasserstoffsäure, destilliert den gebildeten Schwefelwasserstoff in ammoniakalische Cadmiumchloridlösung und bestimmt das Sulfid iodometrisch.

BOSCH und GOMEZ [30] fällen mit einer bekannten Menge Bariumchlorid, schlagen überschüssiges Barium als $BaS_2O_3$ nieder und titrieren mit Jodlösung.

Sulfat kann colorimetrisch bestimmt werden mittels Barium-chloranilat [31].

*Bariumchloranilatlösung.* 1 Liter 0,1 prozentige wäßrige Chlor-anilsäurelösung wird gemischt mit 1 Liter 5prozentiger wäßriger $BaCl_2$-Lösung. Lasse über Nacht stehen. Filtriere den Nieder-schlag und wasche mit dest. Wasser bis keine $Cl^-$-Reaktion mehr auftritt. Zentrifugiere dreimal mit Äthylalkohol und einmal mit Äther um Wasser zu entfernen. Trockne eine Stunde bei 60° C im Vakuum.

*Pufferlösung,* $p_H$ *4.0.* 0,05 molare Lösung von saurem Kalium-phthalat.

*Arbeitsgang.* Die wäßrige Lösung mit dem zu bestimmenden Sulfat wird durch eine Austauschersäule gegeben (1,5 cm Durch-messer, 15 cm lang) und die Lösung danach mittels verdünnter Salzsäure oder Ammoniak mit Hilfe von Indikatorpapier auf $p_H$ 4 gebracht.

Zu einem gemessenen Volumenanteil (bis zu 40 mg $SO_4^{--}$ in weniger als 40 ml) werden in einem 100 ml Meßkolben 10 ml Pufferlösung und 50 ml 95 prozentiger Äthylalkohol zugefügt. Fülle zur Marke mit dest. Wasser, füge etwa 0,3 g Bariumchlor-anilat zu und schüttele 10 Minuten lang. Ausgefälltes Barium-sulfat und überschüssiges Bariumchloranilat werden abfiltriert oder zentrifugiert. Die Absorbtion des Filtrats wird in einem Colorimeter oder Spektrophotometer bei 530 m$\mu$ gegen eine in gleicher Weise hergestellte Blindprobe gemessen. Die Sulfat-konzentration wird mittels einer Eichkurve, die mit einer Stan-dard-Kaliumsulfatlösung hergestellt worden ist, ermittelt.

Gesamtschwefelergebnisse sind im allgemeinen höher als der ursprünglich der Mischung zugesetzte Schwefel. Weichmacher, Harze, manche Beschleuniger und andere Substanzen können Schwefel gebunden oder als Verunreinigung in irgendeiner Form enthalten. Dies ist z. B. bei manchen Rußtypen der Fall. Tonerdegel kann größere Mengen Sulfat enthalten.

Anorganischer Schwefel wird im Rückstand des Paraffinölaufschlusses bestimmt. Zur Bestimmung des Sulfats von etwa vorhandenem Schwerspat kann man den säureunlöslichen Rückstand einer Alkalischmelze unterziehen. Geringe Mengen Sulfat werden fast immer gefunden, z. B. in Kaolin. Liegt viel Calcium vor, so muß man in größerer Verdünnung arbeiten als sonst.

ZIMMERMAN u. a. [32] untersuchten den Einfluß von Füllstoffen auf die Bestimmung von organisch gebundenem Schwefel. Die Verfasser verglichen die Schmelzmethode, die Verbrennungsmethode und das nasse Aufschlußverfahren. Sie kamen zu dem Schluß, daß verläßliche Werte mit der Verbrennungsmethode erhalten werden mit extrahierten Proben, die nur Ruß als Füllstoff enthalten, während für andere Proben eine Kombination von Extraktion, Gesamtschwefelbestimmung und einer Bestimmung von anorganischem Schwefel im Rückstand eines o-Dichlorbenzolaufschlusses nötig sei.

Wenn neugekaufte Chemikalien verwendet werden (Salpetersäure), so ist vor Benutzung für Analysen ein Blindversuch auszuführen.

*Freier Schwefel und acetonlöslicher Schwefel.* Freier Schwefel ist derjenige Anteil des der Gummimischung beigemischten Schwefels, der während der Vulkanisation keine chemische Bindung mit dem Kautschuk eingegangen ist. Freier Schwefel kann mit Aceton extrahiert werden, wobei aber auch schwefelhaltige Beschleuniger und andere schwefelhaltige organische Substanzen oder deren Spaltprodukte miterscheinen. Nach dem Verfahren von BOLOTNIKOV und GUROVA [33, 34] kann freier Schwefel auf Grund der Tatsache bestimmt werden, daß sich elementarer Schwefel in heißer Natriumsulfitlösung quantitativ zu Thiosulfat umsetzt, welches jodometrisch ermittelt werden kann. Der Zerkleinerungsgrad der Probe spielt bei diesem Verfahren offenbar eine Rolle. MIKSCH bedient sich eines besonderen Zerkleinerungsapparates zur Vorbereitung der Probe[1]. KHOROSHAYA und KOVRIGINA fanden, daß 2 mm$^2$ große Gummistückchen gute Ergebnisse liefern [35].

BARTLETT und SKOOG [36] berichten, daß elementarer Schwefel in Aceton gelöst, sich mit Cyanid schnell und quantitativ zu Thiocyanat umsetzt, welches durch Zugabe einer Eisen-III-chloridlösung im Aceton colorimetrisch bestimmt werden kann.

---

[1] Homogenisator für wissenschaftliche Zwecke der Firma Edmund Bühler, Tübingen.

*Reagentien.* Acetonlösung. 50 ml Wasser werden mit Aceton zu 1 Liter aufgefüllt.

NaCN-Lösung. 0,1 g NaCN in 100 ml Acetonlösung. Wird nach mehrstündigem Stehen klar.

$FeCl_3$-Lösung. 0,4 g $FeCl_3$ + 6 $H_2O$ in 100 ml Acetonlösung. Dekantiere klaren Teil der Lösung nach 24 Stunden in trockene Flasche.

$HgCl_2$-Lösung. Etwa 20 g $HgCl_2$ und 20 g KCl in 1 Liter $H_2O$.

Standard-Schwefellösung. 50 mg Schwefel in genau 1 Liter Petroläther.

*Arbeitsgang.* Der schwefelhaltige Acetonextrakt wird in einen (100 ml) Meßkolben überführt. Nehme davon 20 ml und füge 50 ml der $HgCl_2$-Lösung zu zur Ausfällung von Sulfiden, Disulfiden oder Merkaptanen. Schüttele um und filtriere. Nehme 5 oder 10 ml (Pipette) vom Filtrat und überführe in einen 25 ml Meßkolben. Verdünne mit Petroläther. Füge 15 ml NaCN-Lösung zu, schüttele, und warte zwei Minuten. Fülle zur Marke mit Acetonlösung und entnehme 5 ml, überführe in eine Meßzelle und füge 5 ml $FeCl_3$-Lösung zu. Bestimme die Absorbtion in einem geeigneten Colorimeter bei 465 m$\mu$. Subtrahiere die Absorbtion einer in gleicher Weise bereiteten Blindprobe, der keine Cyanidlösung zugesetzt worden ist. Bestimme die Eichkurve mittels der Standard-Schwefellösung in gleicher Weise.

Später gaben die Verfasser ein entsprechendes Titrationsverfahren an [*37*]. Infolge der scharfen Änderung der H-Ionenkonzentration in Gegenwart eines geringen Überschusses von Cyanid kann der Endpunkt mit einem Säure–Base-Indikator erkannt werden.

Nimm einen gemessenen Anteil des Acetonextraktes, so daß etwa 10 bis 80 mg Schwefel erfaßt werden. Füge dest. Wasser zu, etwa einem Fünftel des Volumens der Acetonlösung entsprechend. Erhitzt zum Sieden, füge 3 bis 4 Tropfen Bromcresolviolett zu, und titriere mit der NaCN-Lösung bis eine blauviolette Farbe deutlich auftritt. Erhitze nochmals, wobei der Indikator nach gelbgrün zurück umschlägt. Füge mehr Reagenslösung zu und erhitze wiederum, bis die blauviolette Färbung bleibt. Nahe dem Endpunkt verläuft die Reaktion langsam und man muß jeweils 20 bis 30 Sekunden beobachten.

Bezüglich der Umsetzung von Schwefel zu Thiocyanat mittels Cyanid in Extrakten von Gummimischungen, vergleiche auch die Arbeiten von W. SCHEELE [*38, 39*].

BERGAMINI und MALTAGLIATI [*40*] bestimmen Schwefel in Penicillin mittels der Methylenblau-Methode. Weiteres über dieses Verfahren ist bei FEIGL [*41*] und in einem Artikel von JOHNSON und NISHITA [*42*] zu finden. ORY u. a. [*43*] berichten über eine Farbreaktion von elementarem Schwefel mit N-4.4'-Dimethoxy-benzhydrylidenbenzylamin.

Die British Standards [*4*] führen nach wie vor die Kupfer-spiral-Methode zur Bestimmung von Schwefel in Acetonextrakten. M. J. MAURICE [*44*] verglich die folgenden Verfahren zur Bestimmung von kolloidalem Schwefel miteinander: a) Oxydation mit Kaliumpermanganat und Rücktitration des Überschusses; b) Reduktion mittels Zink und Salzsäure, Absorbtion von $H_2S$ in Kupferazetatlösung und Titration des nicht verbrauchten Kupfers mit ÄDTE; c) Bildung von Thiosulfat durch Kochen mit Sulfit und iodometrischer Titration. MAURICE sagt, daß a) und b) vergleichbare Werte liefern während c) nicht so genau sei.

STAFFORD und SARGENT [*45*] berichteten über einige Schwierigkeiten, welche bei der Bestimmung von gebundenem Schwefel gemäß der Standardmethode auftreten können[1].

Ein neues Verfahren zur Bestimmung von freiem Schwefel wurde von NIKOLINSKI und SLAVOV [*46*] mitgeteilt. Natriumsulfid setzt sich in Gegenwart von elementarem Schwefel zu Polysulfid um, welches mittels Wasserstoffperoxyd zu Schwefelsäure oxydiert werden kann.

2 g der gut zerkleinerten Gummiprobe werden in einem 250 ml Erlenmeyerkolben mit 10 ml 10%iger $Na_2S \cdot 9\ H_2O$-Lösung, 10 bis 50 ml 0,1 n NaOH (pipettiert) und 100 ml $H_2O$ versetzt und 30 min gekocht; nach Zugabe von 10 ml 30%igem $H_2O_2$ wird 10 Minuten gewartet und dann mit 0,1 n $H_2SO_4$ gegen Methylorange titriert. CaO oder MgO in der Mischung stören.

Das Sulfitverfahren [*33, 34*] ist nicht für Butylmischungen anwendbar. Bei Butylmischungen wird vorzugsweise Schwefel im Methyl–Äthyl–Keton-Extrakt bestimmt.

*ASTM-Standards.* Gesamtschwefel. 1. Aufschluß mit Salpetersäure und Brom bei Verwendung kleiner Mengen Kaliumchlorat; gravimetrische Sulfatbestimmung als Bariumsulfat. 2. Vorbehandlung mit Salpetersäure und Brom im Porzellantiegel, anschließend Alkalischmelze (Mitbestimmung von Barytschwefel); gravimetrische Sulfatbestimmung.

Freier Schwefel und acetonlöslicher Schwefel. 1. Kochen mit wäßriger Natriumsulfitlösung, iodometrische Bestimmung des gebildeten Thiosulfats. 2. Acetonextraktion, Oxydation mit Brom, Bariumsulfatfällung.

---

[1] In einem Verfahren zur Bestimmung von gebundenem Schwefel extrahiert W. J. DERMODY [Rubber Age **83**, 103 (1958)] mit einem Methanol-Benzol-Azeotropgemisch vor der Oxydation.

*British Standards.* Gesamtschwefel. 1. Carius (Verbrennungs-) Methode; 2. Schmelzmethode, wie ASTM, 2.

Freier Schwefel. 1. Acetonextrakt, Oxydation mit Brom, gravimetrische Sulfatbestimmung. 2. Acetonextrakt, Oxydation mit $HNO_3$, Sulfatbestimmung. 3. Kupferspiral-Methode. Während der Extraktion befindet sich eine Kupferspirale im Extraktionskolben. Vom gebildeten Kupfersulfid wird über in Freiheit gesetzten Schwefelwasserstoff Cadmiumsulfid gefällt. Letzteres wird iodometrisch bestimmt.

### Gesamtschwefel. Nasser Aufschluß

Prinzip der Methode. Die Probe wird mit Perchlorsäure und Salpetersäure oxydiert und organisches Material zerstört. Schwefel wird zu Sulfat umgesetzt.

*Arbeitsgang I.* Makromethode. 1—1,5 g auf der enggestellten Walze zermahlenes Vulkanisat und 0,1—0,2 g Magnesiumoxyd oder Zinkoxyd werden in einem 250-ml-Weithals-Erlenmeyerkolben nacheinander mit 10 ml Wasser, 30 ml Salpetersäure (1,42) und 40 ml Perchlorsäure (60- bis 70%ig) übergossen und umgeschwenkt.

Auf dem elektrischen Sandbade wird 15 Minuten lang mäßig erwärmt und dann zu lebhaftem Sieden erhitzt. Wenn nur noch eine geringe Menge Flüssigkeit da ist (in etwa einer Stunde), sieht man nach, ob noch Kohlenstoff vorhanden ist. Wenn das der Fall ist, läßt man den Kolben etwas abkühlen, gibt noch 10—20 ml Perchlorsäure (je nach der Menge Ruß, die sich noch im Kolben befindet) zu und erhitzt weiter.

Man raucht zur Trockne ab. Nach dem Abkühlen werden zu der hellen Salzkruste 10 ml Salzsäure (1,16) zugesetzt und bei mäßiger Hitze vorsichtig zur Trockne abgeraucht. Dann erhitzt man noch 15 Minuten lang stark.

Nach dem Abkühlen wird die Salzkruste mit 1 ml Salzsäure (1,16) benetzt, mit 100 ml Wasser aufgenommen und das ganze bis zum eben beginnenden Sieden erhitzt. Man kühlt auf 60—70° C ab und filtriert durch ein geeignetes Filter. Der Rückstand wird mit heißem Wasser mehrmals ausgewaschen.

Die Lösung wird mit etwa 1 n Natronlauge neutralisiert und auftretender Hydroxydniederschlag mit 1 n Salzsäure gerade eben wieder gelöst. Man überführt in einen 250-ml-Meßkolben und füllt (nach dem Abkühlen) zur Marke auf. Wenn eine Ionenaustauscherbehandlung vorgesehen ist, so wird die Lösung erst danach auf Volumen gebracht.

*Arbeitsgang II.* Halbmikromethode. Eine eingewogene Probe des zu analysierenden Vulkanisates (Richtlinie: etwa 0,5—0,6 g bei Proben mit weniger als 1% S, 0,3—0,5 g bei über 1% S, 0,2—0,3 g bei über 2% S) wird in einen 100-ml-Weithals-Erlenmeyer-Kolben gegeben, etwa 0,2 g Zinkoxyd, 20 ml Salpetersäure (1,40) und 20 ml Perchlorsäure nacheinander zugegeben und umgeschwenkt. Auf dem elektrischen Sandbade wird 15 Minuten lang mäßig erwärmt und dann zu lebhaftem Sieden erhitzt. In etwa einer Stunde, wenn nur noch eine geringe Menge Flüssigkeit vorhanden ist, gibt man nach einigem Abkühlen evtl. noch einmal etwas Perchlorsäure zu, wenn noch Kohlenstoff da ist. Dann wird zur Trockne abgeraucht. Nach dem Abkühlen werden zu der hellen Salzkruste etwa 5 ml Salzsäure (1,16) zugesetzt und zur Trockne abgeraucht; in diesem Zustand wird der Kolben mindestens 15 Minuten lang bei großer Hitze belassen.

Dann wird wieder abgekühlt, mit 30 ml Wasser aufgenommen und 1—2 ml etwa 1n Salzsäure zulaufen lassen. Man erhitzt und schwenkt öfter um. Schließlich wird der unlösliche Rückstand heiß abfiltriert und das Filtrat mit Alkali soweit neutralisiert, bis sich auftretender Hydroxyd-Niederschlag eben wieder löst (keinen inneren Indikator verwenden!). Nun wird die Lösung in einen 100-ml-Meßkolben überführt und zur Marke aufgefüllt.

Wenn eine Ionenaustauscherbehandlung vorgesehen ist, so wird die Lösung erst danach auf Volumen gebracht.

### Gesamtschwefel — Verbrennung

*Prinzip der Methode* [5]. Die Probe wird im Verbrennungsrohr mittels Sauerstoff oxydiert und die entstehenden Gase in eine Wasserstoffperoxyd enthaltende Vorlage geleitet. Die Oxyde des Schwefels werden in Schwefelsäure überführt.
*Apparatur* (Abb. 5).

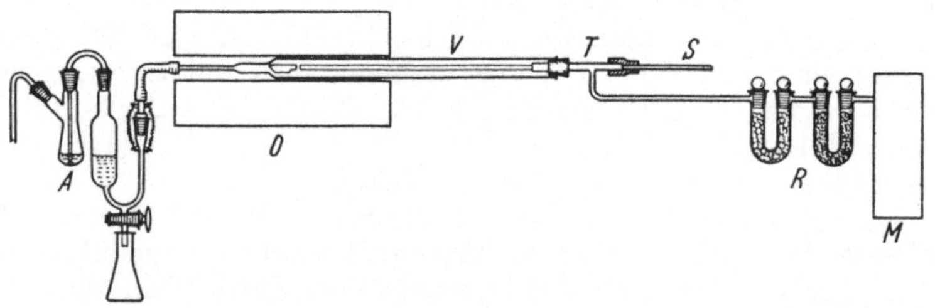


Abb. 5. Bestimmung von Gesamtschwefel, Verbrennungsmethode nach BAUMINGER.
Aus Kautschuk und Gummi: 8, *W T* 32 (1955).

1. Sauerstoffbombe (mit Reduzierventil). Die Strömungsgeschwindigkeit des Sauerstoffes wird mit einem geeichten Strömungsmesser ($M$) kontrolliert und beträgt 50 ml je min.

2. Reinigungsvorlage für den Sauerstoff, bestehend aus zwei U-Rohren ($R$); das erste ist mit Caroxite und das zweite mit Anhydrone (Magnesiumperchlorat) gefüllt.

Es ist bekannt, daß Natronasbest bei der Aufnahme von Kohlendioxyd stark quillt, was zu einer frühzeitigen Verstopfung des U-Rohres führen kann, das dann frisch gefüllt werden muß. Als Absorptionsmittel kann Carozite der Firma Eimer und Amend verwendet werden. Man erzielt eine praktisch vollständige Ausnutzung der ganzen Absorptionsschicht.

3. Einschiebevorrichtung, bestehend aus einem T-Rohr ($T$) und dem Schieber ($S$), der mit Hilfe eines dicht schließenden Gummischlauches mit dem T-Stück verbunden ist. Der Schieber muß hinreichend lang sein, so daß man das Schiffchen in den Verbrennungsraum bis in die Mitte des Verbrennungsrohres schieben kann. Das T-Rohr wird mit einem gut sitzenden Gummistopfen mit dem Verbrennungsrohr ($V$) verbunden.

4. Elektrischer Ofen ($O$) mit Verbrennungsrohr ($V$). Die Temperatur wird mit Hilfe eines automatischen Temperaturreglers konstant gehalten.

Das Verbrennungsrohr ist aus hochfeuerfestem Quarz gefertigt, es hat eine Gesamtlänge von 57 cm und einen Innendurchmesser von 16 mm. Der rechtwinklig abgebogene und verjüngte Teil des Verbrennungsrohres ist mit Brightray-C-Draht (80/20 Ni-Cr-Legierung) bewickelt, und die Temperatur wird auf 700° C konstant gehalten, damit der $SO_3$-Nebel, der sich sonst auf der Innenfläche des Quarzrohres niederschlagen würde, in die Absorptionsvorlage ($A$) hinübergetrieben wird. Das Verbrennungsrohr wird durch Schliff gasdicht mit der Absorptionsvorlage verbunden. Der Schliff wird mit Silikon oder einem anderen geeigneten Schmiermittel gedichtet und mit Federn zusammengehalten.

5. Absorptionsvorlage ($A$), bestehend aus zwei Absorptionsgefäßen. Das erste Gefäß enthält eine feinporige Glasfilterplatte G 3 und wird mit 15 ml 3,75-prozentiger Wasserstoffperoxyd-Lösung gefüllt. Das zweite Gefäß enthält 5 ml derselben Lösung und dient als Kontrolle für die vollständige Beseitigung der Kohlensäure. Beide Teile werden mittels trockener Schliffe miteinander verbunden und durch Federn gesichert.

*Arbeitsgang.* 50 mg dünn ausgewalztes Vulkanisat werden in kleine Stückchen geschnitten. Die im Quarzschiffchen verteilte Probe wird mit bei 1000° C geglühtem Aluminiumoxyd (p. a., schwefelfrei) vollständig überschichtet, in das Verbrennungsrohr etwa 10 cm vor Luftstromes (58 ml/min) und des Sauerstoffstromes (50 ml/min) dem elektrischen Ofen eingebracht und die Geschwindigkeit des eingeregelt. Das Schiffchen mit der Probe wird mit Hilfe des Schiebers (*S*) allmählich in die Mitte des Verbrennungsrohres (1000° C) vorwärtsbewegt, innerhalb 15 Minuten verbrannt, und anschließend wird die Apparatur noch 5 min lang mit Sauerstoff durchspült. Die Verbrennungsprodukte werden in neutraler Wasserstoffperoxyd-Lösung (p. a., schwefelfrei) absorbiert. Nach dem Auskühlenlassen der Schliffhülse wird die Absorptionslösung in ein Titriergefäß abgezapft und die Absorptionsvorlage mit destilliertem Wasser (20 ml) ausgespült. Wenn Schwerspat, Lithopone oder Calciumoxyd oder -carbonat vorliegt, wird die Probe in ein transparentes Quarzschiffchen eingewogen und mit einer Mischung aus 0,8 g Vanadiumpentoxyd (p. a.) und 0,2 g Zinkoxyd (p. a.) überschichtet. Hierauf wird das vorstehend beschriebene Verbrennungsverfahren angewandt; man läßt aber die Probe noch für weitere 30 min in der Mitte des Verbrennungsofens (1000° C). Auf diese Weise wird der Schwefel quantitativ ausgetrieben und das gebildete $SO_2$, wie angegeben, in Wasserstoffperoxyd-Lösung geleitet, zu Schwefelsäure oxydiert. Die erhaltene Lösung von Schwefelsäure kann beliebig weiterverarbeitet werden. BAUMINGER [5] bestimmt die vorhandene Säure einfach durch Titration mit Alkali. Bei der Verbrennung von Neoprenemischungen ist dies nicht statthaft, da Zinkverbindungen mit in der Vorlage erscheinen.

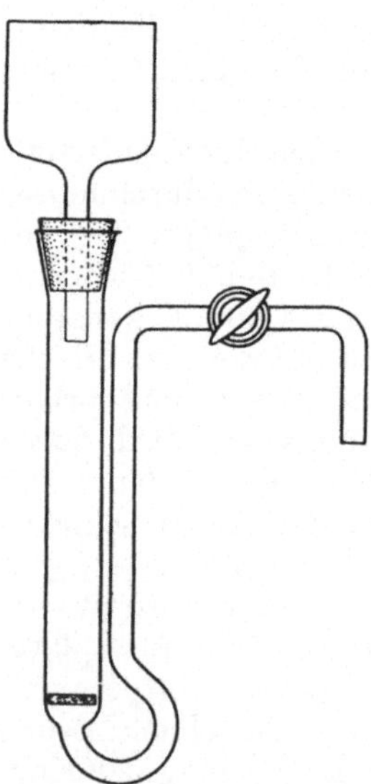

Abb. 6.  Einfache Glasapparatur zum Arbeiten mit Ionenaustauschern.
Aus E. R. TOMKINS, J. X. KHYM und W. E. COHN, J. Am. Chem. Soc. 69, 2771 (1947)

### Entfernung von störenden Kationen

*Apparatur.* Austauschersäule (Abb. 6): etwa 17 cm hohe Säule, 1,5 cm Durchmesser 2,8 cm, für Makrobereich; etwa 12 cm hohe Säule, Durchmesser. für Halbmikroanalysen.

*Arbeitsgang.* Das Austauscherharz (Lewatit S 100) wird mittels 7,5%iger Salzsäure in die Wasserstoff-Form gebracht und ausgewaschen, bis die Waschflüssigkeit keine Chloridreaktion mehr gibt. Die Analysenlösung wird bei einer Temperatur von 20—30°C und einer Geschwindigkeit von 30—40 ml/min durch die vorbereitete Säule in einen Meßkolben geeigneter Größe laufen lassen.

Bei Mischungen, die Eisenoxyd- oder Chromoxydfarbstoffe enthalten, wird der Lösung vorher 0,3—0,4 g Hydrazinhydrochlorid zugegeben und 5 Minuten gekocht. Nach dem Abkühlen erfolgt die Austauscherbehandlung. Man wäscht die Säule zweimal mit je 75 ml Wasser (oder je etwa 40 ml bei kleinerer Säule) und füllt dann im Kolben zur Marke auf.

## Sulfatbestimmung. Fällung als Benzidinsulfat

Prinzip der Methode. Die Gummiprobe wird nach dem Makroverfahren, nasser Aufschluß, oxydiert. Das gebildete Sulfat wird mittels Benzidin gefällt und die Fällung nach Abtrennung mit Alkali titriert. Störende Kationen werden zuvor durch Ionenaustauscherbehandlung entfernt.

Reagentien. Benzidinlösung: 20 g Benzidin werden mit etwa 400 ml Wasser und 25 ml Salzsäure (1,16) unter Erwärmen gerührt, bis die Lösung klar ist. Dann wird filtriert und auf 1 Liter verdünnt.

Maßflüssigkeit: 0,1 n Natronlauge, wäßrig.

*Arbeitsgang.* Mit einer Pipette entnimmt man dem Meßkolben zweimal je 200 ml und läßt, nachdem man mit etwa 1 n Natronlauge gegen Phenolphthalein neutralisiert hat, in jede der beiden Lösungen 10 ml Benzidinlösung langsam eintropfen. Die Temperatur der Lösung muß unter 20° C sein. Die Fällung wird 15 Minuten der Ruhe überlassen und auf 10° C heruntergekühlt. Dann filtriert man auf ein doppeltes Blaubandfilter in einem Büchnertrichter bei nicht zu starkem Vakuum. Nach Auswaschen mit zweimal etwa 10 ml destilliertem Wasser bringt man Filter mit Niederschlag in einen Erlenmeyerkolben mit Schliffstopfen, fügt 100 ml Wasser zu und erwärmt auf 60—70° C. Man schüttelt eine Minute lang gut durch, öffnet dann den Kolben und spült Stopfen und innere Kolbenwand mit Wasser ab. Bei kräftigem Umschwenken titriert man darauf mit 0,1 n Natronlauge gegen Phenolphthalein bis zur Rosafärbung, erhitzt dann den Kolbeninhalt zum Sieden und titriert zu Ende. Aus dem Verbrauch an Natronlauge errechnet man % Schwefel in Gummimischung.

## Sulfatbestimmung. Titration zur maximalen Trübung

*Prinzip der Methode.* Die Sulfatbestimmung erfolgt durch photometrische Titration mit Bariumchlorid bis zur maximalen Trübung mit Hilfe eines photoelektrischen Colorimeters. Störende Kationen können mit einem Ionenaustauscher entfernt werden.

*Reagentien und Apparatur.* Maßflüssigkeit: 0,02 n Bariumchloridlösung. Der genaue Titer wird gravimetrisch bestimmt.

Ein geeignetes photoelektrisches Colorimeter (Lange-Colorimeter) dient als Meßgerät. Die rechte Küvette enthält die zu analysierende Lösung, die linke Wasser. Über der rechten Küvette befindet sich eine Halbmikrobürette (graduiert auf 0,05 ml), und außerdem eine kleine elektrische Rührmaschine; der aus einem umgebogenen Glasstab bestehende Rührer ragt in die Küvette hinein und arbeitet während der Titration mit mäßiger Geschwindigkeit.

*Arbeitsgang.* Zur Trübungstitration entnimmt man je 25 bis 40 ml mit einer Pipette, fügt 40 ml Äthylalkohol zu und erhitzt auf etwa 60° C, gießt die Lösung in die Absorptionszelle ein und spült dann mit etwas Wasser das Gefäß aus, in dem vorher erwärmt wurde. Dann hat man also ein Gesamtvolumen von etwa 100 ml. Nun wird die Zelle in das Meßgerät eingesetzt und Rührer und Bürette in Arbeitsstellung gebracht, worauf die Titration ausgeführt werden kann.

Optimaler Arbeitsbereich bei Verwendung des Lange-Colorimeters mit Blau-Grün-Filtern ist ein Verbrauch von 5—9 ml 0,02 n Bariumchloridlösung.

Die Temperatur der Lösung soll 45—55° C betragen; der optimale $p_H$-Bereich liegt zwischen 5,0 und 7,5. Bei auftretendem Niederschlag nimmt die Lichtdurchlässigkeit der Lösung ab, und der Zeiger des Amperemeters nimmt eine gleichmäßige Bewegung an. Sobald der Zeiger stehenbleibt, also kein neuer Niederschlag mehr auftritt, wird der Hahn der Bürette geschlossen und aus dem Verbrauch der Reagenslösung das Ergebnis errechnet.

Natürlich muß man eine empirische Korrektur einführen; sie beträgt bei Verwendung einer auf 0,05 ml graduierten Halbmikrobürette etwa 0,2 ml und soll vom Analytiker selbst ermittelt werden. Die durchschnittliche Fehlerbreite beträgt ±5%; ein geübter Analytiker kann noch genauer arbeiten.

Ausdrücklich sei gesagt, daß nicht die Lichtdurchlässigkeit der Lösung am Endpunkt gemessen, sondern nur deren Änderung beobachtet wird. Das Verfahren ist also im Prinzip volumetrisch.

Folgende Forderungen müssen erfüllt werden:

1. Die Titration muß gut „anspringen", d. h. bei den ersten 3, 4 Tropfen Reagenszugabe muß Niederschlag entstehen, so daß das Amperemeter gleich zu arbeiten beginnt.

2. Der Endpunkt muß eindeutig erkennbar sein, d. h. die Nadel muß ihre gleichmäßige Bewegung innerhalb eines Augenblicks einstellen.

Wenn keine zweckentsprechende Verschlußvorrichtung zur Verfügung steht, soll man in einem verdunkelten Raum arbeiten. Um jedoch auch im Hellen titrieren zu können, kann man sich eine kleine Zusatzvorrichtung herstellen: Ein Blechdeckel, der über die Küvette paßt, erhält in der Mitte eine Bohrung von etwa 1,5—2 cm Durchmesser für den Rührer, der soviel Spielraum haben soll; ein weiteres kleines Loch (Durchmesser 0,6—0,8 cm) befindet sich in der einen Ecke des Deckels und ist für den Hahn der Bürette bestimmt (Abb. 7).  Sowohl am Rührer wie am Bürettenhahn

Abb. 7. Photometrische Titration bis zur maximalen Trübung mit dem Lange-Colorimeter

bringt man eng ansitzende Scheibchen aus Karton, Blech oder Kunststoff an, die größer sind als die Löcher im Blechdeckel. So wird Lichtzutritt verhindert, und das Einsetzen und Herausnehmen von Rührer, Bürette und Küvette sind denkbar einfach. Innen in den Blechdeckel wird ein passend ausgeschnittenes Stück Filterpapier gelegt, um das Herabtropfen von kondensiertem Wasser beim Arbeiten mit heißen Lösungen zu vermeiden.

### Freier Schwefel. Acetonextrakt

*Prinzip der Methode.* Die Probe wird mit Aceton extrahiert. Der Acetonextrakt wird mit Brom-Salpetersäure oxydiert. Das gebildete Sulfat kann beliebig bestimmt werden.

*Arbeitsgang.* Eine Probe von etwa 2 g wird analytisch genau eingewogen und mindestens 16 Stunden lang mit Aceton extrahiert. (s. S. 92). Der trockene Extrakt wird mit 0,3—0,5 g Magnesiumoxyd, 10 ml Salpetersäure (1,40) und 4—5 Tropfen Brom versetzt und einige Minuten stehen gelassen. Dann wird langsam erwärmt und schließlich stark erhitzt. Man raucht zur Trockne ab, nimmt mit 5 ml Salzsäure (1,16) auf und raucht vorsichtig ab. Dieser Vorgang wird wiederholt. Der Rückstand wird mit heißem destilliertem Wasser und einigen Tropfen verdünnter Salzsäure gelöst. Sodann wird mit etwa 1 n Natronlauge neutralisiert, bis sich auftretender Hydroxydniederschlag gerade eben wieder löst. Nach dem Abkühlen überführt man die klare Lösung quantitativ in einen 100-ml-Meßkolben und füllt zur Marke auf.

Die Sulfatbestimmung kann in beliebiger Weise erfolgen.

## Freier Schwefel. Sulfitverfahren

*Prinzip der Methode* [34]. Die Probe wird in siedender Natriumsulfitlösung behandelt. Der freie Schwefel wird zu Thiosulfat umgesetzt. Letzteres wird iodometrisch bestimmt.

*Reagentien.* Natriumsulfitlösung: 5%ige wäßrige Lösung.

Natriumstearatlösung: 0,1%ige wäßrige Suspension.

Strontiumchloridlösung: 0,5%ige wäßrige Lösung.

Cadmiumacetatlösung: 3%ige wäßrige Lösung.

Maßflüssigkeit: etwa 0,03 n wäßrige Jodlösung[1] (mit Kaliumjodid).

Stärkelösung: 1%ige wäßrige Lösung.

*Arbeitsgang.* 2 g der dünn ausgewalzten Probe werden in einem 250-ml-Rundkolben gegeben, in dem sich 100 ml Natriumsulfitlösung befinden. Man gibt noch 5 ml Natriumstearatlösung sowie etwa 1 g Paraffin zu und schließt den Kolben an einen Rückflußkühler an. Mittels einer elektrischen Heizplatte wird 2 Stunden lang zu mäßigem Sieden erhitzt.

Durch den Rückflußkühler gießt man vorsichtig 100 ml kalte Strontiumchloridlösung ein, entfernt den Kolben vom Kühler und setzt noch 10 ml Cadmiumacetatlösung zu, worauf unter fließendem Wasser abgekühlt wird. Man läßt 20 Minuten stehen und filtriert bei mäßigem Saugen durch einen Büchnertrichter, der mit Gooch-Asbest beschickt ist; mit zweimal je 75—100 ml destilliertem Wasser von etwa 40° C wird ausgewaschen.

---

[1] Dr. KOLB (Dunlop) und Mitarbeiter finden es zweckmäßig, den Faktor der Jodlösung so einzustellen, daß bei einer bestimmten Einwage 1 ml der Jodlösung 0,1% freiem Schwefel entspricht.

Dem Filtrat werden unter Umschwenken 5 ml 40%ige Formaldehydlösung und 10 ml Eisessig zugefügt. Nun wird mittels Eis oder einer Lösung von technischem Ammoniumchlorid die Analysenlösung auf 10—12° C gekühlt. Nach Zugabe von etwa 5 ml Stärkelösung titriert man mit der Standard-Jodlösung bis zu bleibender Blaufärbung (die Färbung soll wenigstens 3 Minuten lang stabil sein). Aus dem Verbrauch der gegen Thiosulfat eingestellten Jodlösung läßt sich der Gehalt der Probe an freiem Schwefel errechnen.

### Literatur

[1] American Soc. Test. Materials, ASTM Standards for Rubber Products, March, 1957.
[2] FREY, H. E.: Anal. Chim. Acta 6, 28 (1952).
[3] KRESS, K. E.: Anal. Chem. 27, 1618 (1955).
[4] British Standards B. S. 903, pp. 9—76, 1950; Methods of Testing Vulcanized Rubber.
[5] BAUMINGER, B. B.: Kautschuk u. Gummi 8, WT 31 (1955).
[6] STACHE, W.: Plaste u. Kautschuk 2, 161 (1955).
[7] Anon.: Vanderbilt Rubber Handbook, 9th ed., p. 504. New York: R. T. Vanderbilt Co., 1948.
[8] WURZSCHMITT, B.: Mikrochem. 36/37, 769 (1951).
[9] SMITH, G. F.: Anal. Chim. Acta 8, 379 (1953).
[10] SCHOENIGER, W.: Mikrochem. 1956, 869.
[11] LYSYJ, I. u. J. E. ZARAMBO: Anal. Chem. 30, 428 (1958).
[12] TARANENKO, I. I.: Legkaya Prom. 3, Nos. 9 u. 10, 22 (1943).
[13] REHNER, J., u. J. HOLOWCHAK: Ind. Eng. Chem., Anal. Ed. 16, 98 (1944).
[14] HAMMOND, G. L., u. J. F. MORLEY: J. Rubber Res. 17, 131 (1948).
[15] GOTTSCHALK, G. u. P. DEHMEL: Z. anal. Chem. 155, 251 (1957).
[16] KELLER, R. E., u. R. H. MUNCH: Anal. Chem. 26, 1518 (1954).
[17] RICE, R. G., u. E. J. KOHN: Anal. Chem. 27, 1630 (1955).
[18] BELCHER, R., A. J. NUTTEN, E. PARRY u. W. I. STEPHEN: Analyst 81, 4 (1956).
[19] WAGNER, H.: Mikrochim. Acta 1957, 19.
[20] FRITZ, J. S., u. M. Q. FREELAND: Anal. Chem. 26, 1593 (1954).
[21] FRITZ, J. S., u. S. S. YAMAMURA, Anal. Chem. 27, 1461 (1955).
[22] AKIYAMA, T., u. M. HARADA: Kyotoyakka Daigaku Gakuko 5, 48 (1957). Chem. Abstracts 52, 1859 (1958).
[23] LANG, G., u. K. PILZ: Kali u. Steinsalz 2, 100 (1957).
[24] BAUMINGER, B. B.: Trans. Inst. Rubber Ind. 32, 218 (1956).
[25] TETTWEILER, K., u. PILZ, W.: Naturwissenschaften 41, 332 (1954).
[26] BOND, R. D.: Chemistry and Industry 1955, 941.
[27] WAENNINEN, E.: Snomen Kemistilehti 29 B, 184 (1956). Chem. Abstr. 51, 4878 (1957).
[28] WICKBOLD, R.: Angew. Chem. 65, 159 (1953).
[29] LUKE, C. L.: Ind. Eng. Chem., Anal. Ed. 17, 298 (1945).
[30] BOSCH, F. DE A., u. M. P. GOMEZ: Anales real soc. espan. fis. y quim. (Madrid) 52 B, 187 (1956). Chem. Abstr. 51, 1775 (1957).
[31] BERTOLACINI, R. J., u. J. E. BARNEY: Anal. Chem. 29, 281 (1957).
[32] ZIMMERMAN, E. W., V. E. HART, u. E. HOROWITZ: Anal. Chem. 27, 1606 (1955).

[33] Bolotnikov, V., u. V. Gurova: J. Rubber Ind. (USSR) 10, 61 (1933).
[34] Oldham, E. W., L. M. Baker, u. U. W. Craytor: Ind. Eng. Chem., Anal. Ed. 8, 41 (1936).
[35] Khoroshaya, E. S., u. G. I. Kovrigina: Legkaya Prom. 12, Nr. 8, 24 (1952). Kautschuk u. Gummi 1953, 6, WT 166.
[36] Bartlett, J. K., u. D. A. Skoog,: Anal. Chem. 26, 1008 (1954).
[37] Skoog, D. A., u. J. K. Bartlett: Anal. Chem. 27, 369 (1955).
[38] Scheele, W., u. C. Gensch: Kautschuk u. Gummi 8, WT 55 (1955).
[39] Scheele, W., u. K. Birghan: Kautschuk u. Gummi 10, WT 221 (1957).
[40] Bergamini, C., u. M. Maltagliati: Sperimentale, Sez. chim. biol. 6, 65 (1956); Chem. Abstracts 51, 4874 (1957).
[41] Feigl, F.: „Chemistry of Specific, Selective and Sensitive Reactions", p. 338. New York: Academic Press Inc. 1949.
[42] Johnson, C. M., u. H. Nishita: Anal. Chem. 24, 736 (1952).
[43] Ory, H. A., V. L. Warren, u. H. B. Williams: Analyst. 82, 189 (1957).
[44] Maurice, M. J.: Anal. Chim. Acta 16, 578 (1957).
[45] Stafford, W. E., u. D. T. Sargent: Rubber J. 133, 199 (1957).
[46] Nikolinski, P. D., u. S. N. Slavov: Kautschuk u. Gummi 10, WT 146 (1957).

# 9. Ruß

## Übersicht

Die bekannteste Methode zur Bestimmung von Ruß in Gummimischungen beruht auf der nassen Oxydation des Kautschuks mittels Salpetersäure und Ermittlung des Rußgehaltes im Rückstand durch die Gewichtsdifferenz nach dem Glühen [1]. Das ASTM-Verfahren bedient sich einer solchen Arbeitsweise. Butyl- und Neoprenemischungen können auf diese Art nicht analysiert werden, da sie weitgehend säurebeständig sind.

Für Butylmischungen empfahlen McCready und Thompson [2] eine Vorbehandlung der Probe in heißem Paraffinöl und nachfolgender Salpetersäurebehandlung.

Ein Nachteil des Salpetersäureverfahrens ist der Umstand, daß beim Filtrieren des Rußes manchmal Schwierigkeiten auftreten. Wenn derselbe in sehr feiner Verteilung vorliegt, kann er durch das Asbestfilter hindurchlaufen. Die Verwendung von Äther während der Filtration erweist sich wohl als ein Hilfsmittel, ist aber gefährlich. Einige Zersetzungsprodukte des Kautschuks werden offenbar vom Ruß adsorbiert, weshalb die Ergebnisse oftmals etwas hoch liegen; ein empirischer Korrektionsfaktor von 0,95 wurde vorgeschlagen [2].

Louth [4] entwickelte ein gut funktionierendes Verfahren mit Tetrachloräthan welches einige der erwähnten Schwierigkeiten behebt. Kolthoff und Gutmacher [3] wiesen jedoch auf die große

Giftigkeit dieses Lösungsmittels hin und auf die Gefahr der Verwendung von Äther zusammen mit Salpetersäure.

Scott und Willott [5] beschrieben eine Arbeitsweise zur Bestimmung von Ruß in Neoprenemischungen, wobei ein Gemisch von Nitrobenzol und Salpetersäure verwendet wird, welchem im fortgeschrittenen Stadium des Aufschlusses Xylol zugesetzt wird. Das Verfahren ist auch für Styrolkautschuk- und Butylmischungen anwendbar.

Eine bemerkenswerte Methode ist die von Kolthoff und Gutmacher [3], wobei nach einer Vorbehandlung der Probe mit p-Dichlorbenzol die Zersetzung des Kautschuks mittels tert-Butylhydroperoxyd in Gegenwart von Osmiumsäure erreicht wird. Säurelösliche Füllstoffe werden mit verdünnter Salpetersäure ausgewaschen. Das Verfahren ist zuverlässig im Falle von Naturkautschuk-, Styrolkautschuk-, Butyl- und Chloroprenmischungen.

Galloway und Wake [6] bestimmen Ruß in Butylmischungen nach mehrmaliger Extraktion mit Salpetersäure und Petroläther durch Glühverlust.

Ebe [7] bedient sich der oxydierenden Wirkung von Chromsäure und meldet gute Ergebnisse.

Eine weitere Gruppe von Rußbestimmungsverfahren beruhen auf der Destillation des Kautschuks in einer inerten Atmosphäre und anschließender Verbrennung des Rußes im Sauerstoffstrom. Ein solches Verfahren für die Analyse von Naturkautschukmischungen ist das von Dekker [8]. Eine Modifikation dieser Methode wurde für die Analyse von Styrolkautschukmischungen verwendet [9].

Bauminger und Poulton [10] empfehlen, das entstehende Kohlendioxyd zu sammeln und zusätzlich zu bestimmen.

Glander [11] entwickelte ein Verfahren, wobei die Probe im Wasserstoffstrom bei 950° C im Quarzrohr zersetzt und der Ruß sodann in normaler Atmosphäre verbrannt wird. Das Verhalten verschiedener Kautschuktypen und von Füllstoffen wurde untersucht; ferner werden Modellversuche mit einer Anzahl von Rußsorten beschrieben.

Endter [12] beschrieb ein Gerät für die trockene Destillation von Mischungsproben im Vakuum, sowie ein Verfahren zur elektronenmikroskopischen Ermittlung der Verteilung der Teilchengröße von Rußen. Eine solche Untersuchung kann wertvolle Hinweise auf den in einer Mischung vorhandenen Rußtyp geben.

ASTM-Standards. Salpetersäureverfahren.

British Standards. 1. Verbrennungsmethode. Die Probe wird mit Salpetersäure behandelt, der Rückstand nach Filtration mit

Aceton und Chloroform gewaschen und dann im Sauerstoffstrom erhitzt. Das $CO_3$ wird absorbiert und gewogen.

2. Rußbestimmung in Butylmischungen [6].

### Ruß. Salpetersäure-Verfahren.

*Prinzip der Methode* (ASTM). Die extrahierte Probe wird mit Salpetersäure behandelt. Der Ruß wird zusammen mit den säureunlöslichen mineralischen Füllstoffen filtriert und nach Glühen durch Gewichtsdifferenz ermittelt.

*Arbeitsgang.* Eine Probe von 0,5 g wird 8 Stunden lang mit einer Mischung von 68 Volumenteilen Chloroform und 32 Volumenteilen Aceton extrahiert.

Die Probe wird in einem 250-ml-Becherglas auf dem Dampfbad so lange erwärmt, bis sie nicht mehr nach Chloroform riecht. Dann gibt man einige Milliliter Salpetersäure (1,42) zu und läßt 10 Minuten stehen. Nach Zugabe weiterer 50 ml Salpetersäure (1,42), die man am Rande des Becherglases heruntergießt, erhitzt man auf dem Dampfbad mindestens eine Stunde lang. Nach dieser Zeit sollten keine Blasen oder Schaum mehr an der Oberfläche zu sehen sein. Die heiße Flüssigkeit wird vorsichtig durch einen vorbereiteten Gooch-Tiegel gesaugt, wobei man ungelöstes Material nach Möglichkeit im Becher zurückhält. Man filtriert langsam, bei mäßigem Saugen, und wäscht gut aus, indem man mit heißer Salpetersäure (1,42) dekantiert. (Achtung: Saugflasche ausleeren.) Nun wird mit Aceton und einer Mischung aus gleichen Teilen Aceton und Chloroform ausgewaschen, bis das Filtrat farblos ist.

Das vorsichtig im Becher zurückgehaltene unlösliche Material wird 30 Minuten lang auf dem Dampfbad mit 35 ml 25%iger Natronlauge behandelt. Das kann unterlassen werden, wenn keine Silikate vorliegen. Man verdünnt mit 60 ml heißem, destilliertem Wasser und erhitzt auf dem Dampfbad; sodann wird die alkalische Lösung durch den Gooch-Tiegel gesaugt und mit heißer, 15%iger Natronlauge gut ausgewaschen.

Der Rückstand im Tiegel wird nun viermal mit heißer Salzsäure (1,19) gewaschen. Zuletzt wird mit Ammoniaklösung neutralisiert und mittels Natriumchromatlösung auf Blei geprüft. Ist solches anwesend, wird der Waschvorgang mit Salzsäure (1.19) weiter fortgesetzt, und schließlich wird mit 5%iger Salzsäure nachgewaschen.

Der Tiegel wird von der Saugflasche abgenommen, wobei darauf zu achten ist, daß die Außenseite vollständig sauber ist; dann wird in heißer Luft $1\frac{1}{2}$ Stunden lang bei 110° C getrocknet, abgekühlt und gewogen. Daraufhin wird der Ruß bei mäßiger Rotglut verbrannt und der Tiegel zurückgewogen.

Die Gewichtsdifferenz gibt etwa 105% des ursprünglich vorhandenen Rußes in der Mischung an.

### Ruß. Nitrobenzol, Salpetersäure, Xylol

*Prinzip der Methode* [5]. Die extrahierte Probe wird mit Nitrobenzol und 25%iger Salpetersäure behandelt und die Zersetzung des Kautschukanteils durch heißes Xylol vervollständigt. Dann wird der Ruß abfiltriert und verbrannt. Die Gewichtsdifferenz gibt den Rußgehalt an.

Das Verfahren ist brauchbar für Mischungen mit Naturkautschuk, Buna S, Butylkautschuk und Chloropren; für Perbunanmischungen ist es nicht geeignet.

*Arbeitsgang.* 1 g der zu analysierenden Mischung wird auf der enggestellten Walze fein zermahlen oder die Probe wird geraspelt.

Nach Extraktion mit Aceton und Chloroform wird das Material in einem Vakuum-Exsiccator getrocknet. Dann werden in einem 400-ml-Becherglas 20 ml Nitrobenzol zugefügt und das ganze auf einer Heizplatte zum Zweck des Anquellens einige Minuten behandelt. Hierauf gibt man 20 ml 25%ige Salpetersäure zu und arbeitet weiter auf der Heizplatte. Die Probe wird sich zersetzen und innerhalb einiger Minuten in Nitrobenzol gelöst sein. Der Becher wird nun auf einem Dampfbad eine Stunde lang erhitzt, wonach 100 ml heißes Xylol zugegeben werden. Das Gemisch wird heiß durch einen vorbereiteten Gooch-Tiegel filtriert; der Ruß wird sorgfältig mit heißem Xylol gewaschen, bis er frei von zersetztem Kautschuk (Buna, Neoprene, Butyl) ist, und schließlich wäscht man mit Aceton nach.

Nachdem bei 150° C getrocknet wurde, wird der Tiegel gewogen, der Ruß im Muffelofen verbrannt und dann der Tiegel zurückgewogen. Die Differenz gibt den Rußgehalt der eingewogenen Probe an.

### Ruß. p-Dichlorbenzol, Butylhydroperoxyd

*Prinzip der Methode* [3]. Die Probe wird in p-Dichlorbenzol geweicht und dann mit tert.-Butylhydroperoxyd in Gegenwart von Osmiumsäure als Katalysator behandelt.

Der Ruß wird verbrannt; die Gewichtsdifferenz gibt den Rußgehalt an.

Das Verfahren ist brauchbar für Naturkautschuk-, Buna S-, Butyl- und Chloroprenmischungen.

*Arbeitsgang.* Die Probe (0,2—0,25 g) wird in kleine Stückchen zerschnitten. 20 g p-Dichlorbenzol werden in einem 125-ml-Erlenmeyerkolben am Rückflußkühler (oder in einem 150-ml-Becherglas, welches mit einem mit kaltem Wasser gefüllten Erlenmeyerkolben abgedeckt ist) erhitzt, bis das p-Dichlorbenzol geschmolzen ist; sodann wird die Gummiprobe zugegeben und die Temperatur der Heizplatte so reguliert, daß die Flüssigkeit mäßig siedet. In den meisten Fällen genügt eine halbe Stunde für diese Behandlung.

Die Lösung wird auf 80—90° C heruntergekühlt, dann gibt man 5 ml tert-Butylhydroperoxyd und 1 ml 0,08%ige benzolische Osmiumtetroxydlösung zu. Nun wird auf 120° C erhitzt und das ganze 30 Minuten lang bei dieser Temperatur belassen. Danach wird auf 50—60° C heruntergekühlt. Nach Zugabe von 25 ml Benzol wird durch einen vorbereiteten Gooch-Tiegel filtriert, während die Lösung noch mäßig warm ist. Beim Filtrieren hat man keine Schwierigkeiten; der Ruß setzt sich gut ab und tendiert nicht dazu, durch den Asbestfilter hindurchzulaufen. (In besonderen Fällen kann man evtl. einige ml Äther zu Hilfe nehmen, um schnellere Filtration zu erreichen.)

Filter und Becher werden mit Benzol ausgespült; darauf wird die Saugflasche ausgeleert und der Tiegel mit zwei 5 ml-Portionen warmer, halbkonzentrierter Salpetersäure bei mäßigem Saugen ausgewaschen. Nachdem einige Male mit destilliertem Wasser nachgespült wurde, trocknet man den Tiegel bei einer Temperatur von 325—350° C eine halbe Stunde lang, kühlt und wägt sofort. Dann wird zwischen 750 und 800° C geglüht, abgekühlt und zurückgewogen. Der Gewichtsverlust stellt den in der ursprünglichen Probe vorhandenen Ruß dar.

### Literatur


[1] OLDHAM, E. W., u. J. G. HARRISON: Ind. Eng. Chem., Anal. Ed. 9, 278 (1937).
[2] McCREADY, J. E., u. H. H. THOMPSON: Ind. Eng. Chem., Anal. Ed. 18, 522 (1946).
[3] KOLTHOFF, I. M., u. R. G. GUTMACHER: Anal. Chem. 22, 1002 (1950).
[4] LOUTH, G. D.: Anal. Chem. 20, 717 (1948).
[5] SCOTT, J. R., u. W. H. WILLOTT: India Rubber. J. 101, 177 (1941).
[6] GALLOWAY, P. D., u. W. C. WAKE: Analyst 71, 505 (1946).
[7] EBE, T.: J. Soc. Rubber Ind. Japan 20, 151 (1947).
[8] DEKKER, P.: Chem. Weekblad 39, 624 (1942).
[9] TYLER, W. P., u. T. HIGUCHI: Am. Soc. Testing Materials, Special Techn. Pub. 74, 18 (June 1947); India Rubber World 116, 635 (1947).
[10] BAUMINGER, B. B., u. F. C. J. POULTON: Analyst 74, 351 (1949).
[11] GLANDER, F.: Kautschuk u. Gummi 10, WT 201 (1957).
[12] ENDTER, F.: Kautsch. & Gummi 8, WT 302 (1955).

# C. Analyse von organischen Bestandteilen

## 1. Identifizierung von Kautschuk in Mischungen

### Übersicht

Die Bestimmung des polymeren Anteils einer Gummimischung gestaltet sich manchmal kompliziert, denn die Möglichkeiten der Anwendung von vielen neuartigen Polymeren, Mischpolymerisaten und Kautschuk-Kunstharz-Gemischen kann den Analytiker vor ganz neue Aufgaben stellen.

Im Jahre 1944 veröffentlichte BURCHFIELD [1] sein erstes analytisches Schema zur Identifizierung von Kautschuk in Mischungen. Das Verfahren beruhte auf der angenäherten Bestimmung des $p_H$-Wertes und des spezifischen Gewichtes der Pyrolyseprodukte. Die Probe wird einer trockenen Destillation im Reagensglas unterworfen und das Destillat in zwei verschiedene Reagenslösungen eingeleitet.

Lösung I ist mittels Citronensäure und Natriumcitrat auf $p_H$ 4,7 gebracht, enthält Thymolblau und Bromthymolblau und hat durch zugesetzten Methylalkohol eine Dichte von 0,850.

Lösung II ist mittels Natriumcitrat auf $p_H$ 8,4 gebracht, enthält Bromphenolblau und hat durch zugesetzten Methylalkohol eine Dichte von 0,890.

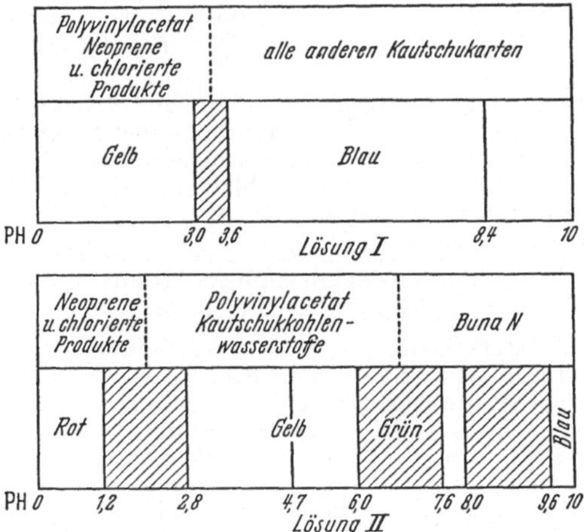


Abb. 8. Pyrolyse-Tests nach BURCHFIELD. Aus H. P. BURCHFIELD, Ind. Eng. Chem., Anal. Ed. **16**, 424 (1944)

Abb. 7 zeigt die Farbänderungen der beiden Lösungen in der Anwendung, Tab. 5 ihr Verhalten zusammen mit den Pyrolyseprodukten.

Außerdem gab BURCHFIELD einige Zusatzreaktionen an.

*Reagentien*: Eisen II-Sulfatlösung: 5%ige wäßrige Lösung, die 1 ml Salzsäure (1,16) pro 100 ml enthält:

Natronlauge: 5%ig wäßrig;
Salzsäure: 10%ig, wäßrig;
Schwefelsäure: 55 gewichtsprozentig;
Jodlösung: 0,02%ige Lösung in Tetrachlorkohlenstoff;
Brom und Phenol.

*Anwendung*: I. Prüfung auf Buna N: Mischen der Inhalte der beiden Röhrchen, in denen vorher die oben erwähnten Pyrolysetests durchgeführt wurden. Man setzt einen Tropfen Natronlauge und 1 ml Eisen-II-Sulfatlösung zu. Man erwärmt mäßig und säuert ·dann mit Salzsäure an. Wenn die Probe Nitrilstickstoff enthielt, tritt ein feiner grüner Niederschlag auf.

Tabelle 5. *Pyrolyse-Tests nach Burchfield, älteres Verfahren* [1]

| Kautschukart | Farbe der Lösung | | Verhalten des Kondensats | |
|---|---|---|---|---|
| | I | II | I | II |
| Blindversuch . . . . . . . . . . . | gelb | blau | | |
| 1. Buna N . . . . . . . . . . . . . | grün | blau | sinkt zu Boden | sinkt zu Boden |
| 2. Neoprene GN, polymere Chloroprene, polymere Nitrile, Polyvinylchlorid . . . . . . . . . . | rot | gelb | desgl. | desgl. |
| 3. Polyvinylacetat. . . . . . . . | gelb | gelb | desgl. | desgl. |
| 4. Buna S . . . . . . . . . . . . | gelb | blau | desgl. | desgl. |
| 5. Naturkautschuk . . . . . . . | gelb | blau | desgl. | schwimmt |
| 6. Butyl . . . . . . . . . . . . . | gelb | blau | schwimmt | schwimmt |

II. Unterscheidung zwischen Neoprene und gesättigten Vinylpolymeren: Eine Probe von 0,02 g wird mit 2 ml Jodlösung geschüttelt. Wenn die violette Farbe innerhalb 2—3 Minuten merklich verblaßt, liegt Neoprene GN vor; wenn sie unverändert bleibt, liegt ein Polymerisat oder Mischpolymerisat des Vinylchlorids vor.

III. Prüfung auf Polyvinylacetat: Eine 0,2 g-Probe wird in einem Reagensglas mit 2 ml Schwefelsäure mäßig erwärmt. Tritt Zersetzung ein, liegt Polyvinylacetat vor (Geruch von Essigsäure).

IV. Bei der Unterscheidung von Naturkautschuk und Buna S können Asphaltstoffe stören. Liegen solche vor (Chloroform wird schwarz), so muß vor dem Test mit Chloroform extrahiert werden.

V. Der Weber-Farbtest [2] wird von BURCHFIELD wie folgt ausgeführt: Zu einer 0,1-g-Probe gibt man im Reagensglas einen Tropfen Brom. Man erwärmt leicht und entzieht überschüssiges Brom durch einen Luftstrom. Man bedeckt die Probe dann mit festem Phenol und erwärmt einige Minuten lang. Nach dem Abkühlen setzt man 10 ml Chloroform zu. Naturkautschuk verursacht dabei eine tief karminrote Färbung, während extrahierte Buna-S-Proben blaßviolette bis farblose Lösungen ergeben. Gemische verursachen gelbe bis braune Färbungen.

VI. Die Pyrolyseprodukte von Butylkautschuk (Polyisobutylen) sind weiße, schwer kondensierbare Dämpfe; außerdem wird ein hellgelbes leichtflüssiges Öl erhalten.

Ein Jahr später konnte BURCHFIELD eine weit bessere Technik angeben [*3*]. Das Verfahren ist vorzüglich für die Unterscheidung von Naturkautschuk, Buna S und Perbunan. BURCHFIELD ging von der Überlegung aus, daß man die Pyrolyseprodukte mit Substanzen reagieren lassen kann, die die Eigenschaft haben, mit Verbindungen zu kondensieren, die labile Wasserstoffatome besitzen. Als geeignetes Reagens stellte sich p-Dimethylaminobenzaldehyd heraus[1]. Die Pyrolyseprodukte werden in eine verdünnte alkoholische, salzsaure Lösung des Aldehyds geleitet. Es entsteht eine anfängliche Färbung, die durch Verdünnung mit Methanol und gelindes Erwärmen intensiviert werden kann.

Gleichzeitig hat BURCHFIELD die Zusammensetzung der einen Indikatorlösung geändert, mit welcher säureabspaltende Kunstkautschuktypen identifiziert werden. Die Lösung enthält Natriumcitrat, Citronensäure, Bromcresolgrün und Metanilgelb. Das gesamte Arbeitsschema wurde von ASTM übernommen.

In dem gleichen Artikel [*3*] beschreibt BURCHFIELD ein Tüpfeltestschema. Die Dämpfe, die entstehen, wenn man die Probe mit einem glühenden Metallstab bearbeitet, bringt man mit Reagenspapieren in Kontakt, die mit bestimmten Reagenslösungen getränkt und mit zusätzlichen Benetzungslösungen angefeuchtet sind.

Die für die Feststellung von Neoprene und Perbunan benutzten Papiere sind mit Metanilgelb und Kupferacetat getränkt und werden unmittelbar vor Gebrauch in eine alkoholische Lösung von Benzidindihydrochlorid eingetaucht. Wenn die Probe Chlor enthält, schlägt Metanilgelb durch die freiwerdende Salzsäure nach rot um. Enthält die Probe Perbunan oder eine Substanz, die Nitrilstickstoff hat, erscheint eine grüne Farbe auf Grund der Cyanid-Radikale in den Zersetzungsprodukten. Diese in Gegenwart von Benzidin und Kupferacetat stattfindende Reaktion fand verbreitete Anwendung für die Feststellung von Cyanwasserstoffsäure in Luft [*4*]. Die Farbe ist normalerweise blau, erscheint aber grün wegen der Anwesenheit von Metanilgelb. Wenn sowohl chlor- wie nitrilstickstoffhaltige Substanzen vorliegen, wie z. B. in Neoprene ILS und Neoprene–Perbunan-Gemischen, erscheinen beide Farben auf dem Papierstreifen; Grün erscheint anf der benetzten Stelle, während Rot im wesentlichen auf der trockenen Zone des Papiers zu sehen ist. Durch die Gegenwart von Kohlenwasserstoff-Kautschuktypen treten normalerweise keine Farbänderungen auf, obgleich das Papier beim Trocknen dunkel werden kann [*2*].

Butylkautschuk wird von Naturkautschuk und Buna S unterschieden, indem reine Filterpapierstreifen unmittelbar vor der Prüfung in eine Lösung von Quecksilbersulfat in verdünnter Schwefelsäure getaucht und die Streifen mit den Pyrolyseprodukten in Berührung gebracht werden. Butylkautschuk verursacht eine leuchtend gelbe Färbung, während Naturkautschuk und Buna S graubraune Farben liefern. Der Test beruht auf der Reaktion des in den Zersetzungsprodukten vorhandenen Isobutylen mit

---

[1] Vgl. dazu A. MÜLLER: Chemiker-Zeitung **75**, 673 (1951).

Quecksilbersulfat, wobei ein Komplex von der Zusammensetzung $C_4H_8$-$(HgSO_4 \cdot HgO)_3$ entsteht [5].

Als den vorteilhaftesten Test dieser Serie bezeichnet BURCHFIELD den zur Unterscheidung von Naturkautschuk und Buna S. Das dazu benutzte Papier ist mit p-Dimethylaminobenzaldehyd imprägniert und wird vor Benutzung in eine 30%ige Trichloressigsäurelösung in Isopropylalkohol getaucht. Naturkautschuk verursacht eine intensiv blaue, Buna S eine grüne Färbung. Gemische färben das Papier wie reine Bunamischungen, obgleich eine blaugrüne Farbe erscheinen kann. Proben mit 25 Teilen und weniger Buna S relativ zum Naturkautschukanteil reagieren wie Naturkautschuk.

Butylkautschuk verursacht eine dunkle, oft schwarze Färbung, die später oft blaß-violett wird. Perbunan verursacht zuerst eine Grünfärbung; durch die letzten Zersetzungsprodukte entstehen jedoch deutlich rote bis rotbraune Flecken. Neoprene reagiert ähnlich wie Buna S.

Eine Zusammenstellung der Reaktionen findet sich in Tab. 8 (ASTM).

Der Verfasser dieses Berichtes fand, daß die oben beschriebenen Tests mit imprägnierten Papieren nur zum Teil und in Verbindung mit den anderen Pyrolysetests BURCHFIELDS (Destillation in Reagenslösungen) zuverlässig sind. Zur Unterscheidung von Naturkautschuk und Buna S ist der Pyrolyse-Lösungstest vorzüglich geeignet und absolut sicher, während der Papiertest oft zweideutig und unsicher verläuft. Bei der Prüfung auf Perbunane bekommt man beim Pyrolyse-Lösungstest oft karminrote Färbungen, die sich nicht immer deutlich von der Naturkautschukfarbe unterscheiden, da letztere auch rötlich ausfallen kann. In solchen Fällen zieht man den Papiertest auf Perbunane mit großem Vorteil heran; damit ist eine sichere Unterscheidung möglich, da die oben erwähnte Rotfärbung bei Perbunanen immer deutlich erscheint. Bei Naturkautschuk wird das gleiche Papier dunkelblau bis blaugrün.

Ebenso verfährt man bei der Prüfung auf Butylkautschuk. Hierbei ist der Pyrolyselösungstest kein Kriterium, während der Papiertest mit Quecksilbersulfat unbedingt eindeutig ist. (Siehe dazu weitere Bemerkungen auf Seite 69.)

PARKER [6] ging einen ganz anderen Weg zur Identifizierung des Kautschuktyps in vulkanisierten Mischungen. Kriterium für die Unterscheidung der einzelnen Klassen ist die Zeit, die bis zum Beginn von Zersetzungsreaktionen vergeht, wenn die Probe mit einem Gemisch von Salpetersäure und Schwefelsäure in Berührung gebracht wird. Die Proben sollen vorher mit Aceton extrahiert werden.

Das Säuregemisch besteht aus gleichen Volumenteilen konzentrierter Salpetersäure und Schwefelsäure. Die Säure wird bei einer Temperatur von 70° C benutzt. Ein kleines Stück der zu untersuchenden Probe wird in einem Reagensglas mit dem Säuregemisch von der angegebenen Temperatur in Berührung gebracht und die Zeit gemessen, die vergeht, bis Zersetzungsreaktionen beginnen. Wenn die „Reaktionszeit" unter 10 Sekunden liegt, soll die Prüfung bei 40° wiederholt werden. Die erhaltenen Zeitwerte sind soweit reproduzierbar, daß eine Unterscheidung bestimmter Klassen möglich ist. Tab. 6 enthält die von PARKER angegebenen Daten. Carbonatfüllstoffe stören. Naturkautschuk, Thioplaste und Chloroprene können mit dem Säuretest nicht voneinander unterschieden werden; dazu können aber andere, leicht und einfach auszuführende Reaktionen dienen

(Thioplaste durch Geruch beim Verbrennen, Chloroprene durch BEIL-
STEINS Kupferdraht-Test). Gemische verschiedener Kautschuktypen können Fehlergebnisse liefern.

Tabelle 6. *„Reaktionszeit" verschiedener Kautschuktypen*
*(im Vulkanisat) in Säure-Gemisch [6]*

| Kautschuktyp | Zeit bis zur beginnenden Zersetzung in Sekunden bei | |
| --- | --- | --- |
| | 40° | 70° |
| Thiokol . . . . . . . . . | 0— 35 | sofort |
| Naturkautschuk . . . . | 20— 70 | 0— 5 |
| Neoprene FR . . . . . | 25— 40 | 2— 4 |
| Neoprene GN . . . . . | 40— 60 | 5— 8 |
| Neoprene E . . . . . . | 50— 90 | 6— 9 |
| Neoprene Z . . . . . . | 100— 250 | 8— 15 |
| GR-S und Buna S . . . | 630—1200 | 10— 25 |
| Perbunan . . . . . . . | 650—1800 | 30— 60 |
| Hycar OR 15 . . . . . | 1000—1300 | 50— 80 |
| Chemigum I . . . . . . | 800—1800 | 30—120 |
| Butyl . . . . . . . . . | etwa 5000 | 120—140 |

Einige Monate später berichtete PARKER [7] über die Identifizierung des Kautschuktyps in unbekannten Vulkanisaten durch
Quellung in verschiedenen Lösungsmitteln. Proben der zu analysierenden Mischung werden in drei verschiedenen Lösungsmitteln
(Benzin, Benzol und Anilin) quellen lassen. Das Verhältnis der
Quellung in einem Lösungsmittel zur Quellung in einem anderen
wird gegen das Verhältnis der Quellung in einem dieser Lösungsmittel zur Quellung in einem dritten aufgetragen. Auf diese Weise
werden — bei acetonextrahierten Proben — Füllungsgrad und
Vulkanisationsstadium ausgeschaltet. Die erhaltenen Werte fallen
in definierte Gebiete des Koordinatensystems. PARKER definiert
als „Quellung" die Volumenaufnahme an Lösungsmittel, ausgedrückt als Volumenzunahme der Kautschukprobe nach Extraktion
und Trocknung.

Formelmäßig: Quellung $= [(G_2 — G_1)\, K/G_1 L] \cdot 100$,
worin $G_1 =$ Gewicht der acetonextrahierten, getrockneten Probe,

$G_2 =$ Gewicht der gequollenen Probe,

$K =$ Spezifisches Gewicht des Kautschuks und

$L =$ Spezifisches Gewicht des Lösungsmittels ist.

In der Praxis wird in obiger Formel das spezifische Gewicht
des Kautschuks vor der Extraktion eingesetzt; das ergibt einen
angenäherten Wert für die Quellung. Bei Festlegung der Quellungsverhältnisse jedoch kürzt sich das spezifische Gewicht des Kautschuks weg [7].

Mit einer Anzahl solcher Quellversuche erhielten wir Ergebnisse, welche zu dem in Abb. 9 gezeigten Schema führten. An Stelle des von PARKER verwendeten Leichtbenzins wurde von uns ein 80 bis 110° Benzin verwendet. Dem Aufbau nach völlig verschiedene Mischungen auf der Basis von Naturkautschuk, Buna S-Typen, Perbunan, Neoprene, Butylkautschuk und Vulcollan wurden mit

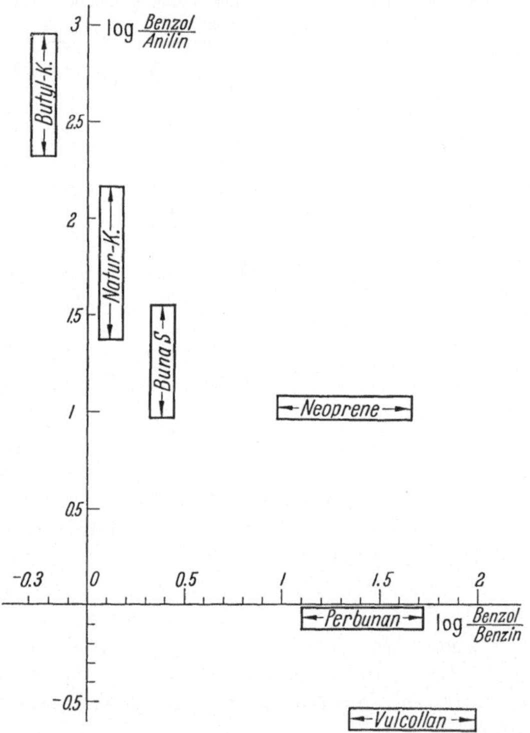


Abb. 9. Quellungsanalyse nach PARKER. Aus Gummi und Asbest 7, 235 (1954)

Aceton und Chloroform extrahiert, gründlich bei niedriger Temperatur über Nacht getrocknet und dann in die verschiedenen Lösungsmittel eingelegt. Alle Proben waren etwa $2 \times 2,5 \times 0,3$ cm groß und hatten also eine Oberfläche von etwa 13 cm². Normalerweise genügt eine Quellzeit von 12—24 Stunden. Es wurde beobachtet, daß in dem abgebildeten Koordinatensystem Butylkautschuk-, Naturkautschuk- und Styrolkautschukmischungen fast nur vertikal, hingegen Nitrilkautschuk und Polychloroprenmischungen fast nur horizontal variieren; d. h., Butylmischungen.

haben immer einen Abszissenwert von annähernd —0,25, während der Ordinatenwert zwischen 2,0 und 3,0 liegen kann. Naturkautschukproben ergeben immer einen Abszissenwert von etwa 0,12, während der Ordinatenwert von 1,0 bis 3,0 schwanken kann. Entsprechendes gilt für andere Kautschuktypen. Gemische fallen, wie zu erwarten, in Zwischenbereiche je nach Zusammensetzung.

Tabelle 7. *Quellung in Prozenten von Vulkanisaten verschiedener Kautschuktypen in Lösungs- und Weichmachungsmitteln, 68 Stunden bei 30°*

| Probe | Spez. Gew. (20°) | Anilin | Benzin | Benzol | Butylacetat | Cyclohexanon | Dioctylphthalat | Mesamoll | Tricres'phosph. |
|---|---|---|---|---|---|---|---|---|---|
| Natur-Kautschuk . | 1,139 | 19,9 | 254 | 359 | 187,6 | 272 | 44,2 | 25,5 | 6,15 |
| Buna S . | 1,382 | 22,9 | 90,7 | 194,6 | 168,1 | 151,3 | 10,9 | 8,9 | 4,1 |
| Butylkautschuk . | 1,124 | 1,65 | 202 | 111,3 | 37,6 | 15,1 | 1,4 | 1,3 | 0,45 |
| Perbunan | 1,202 | 195 | 21,3 | 207 | 89,6 | 237 | 8,3 | 14,97 | 14,3 |
| Vulcollan | 1,228 | 501 | 11,06 | 92,4 | 51,2 | 182 | 0,3 | 1,97 | 6,06 |

Tabelle 8. *Quellungsverhältnisse Benzol/Lösungs- und Weichmachungsmittel von Vulkanisaten verschiedener Kautschuktypen: Quellungen 68 Stunden bei 30°*

| Probe | Benzol / Anilin | Benzol / Benzin | Benzol / Butylacetat | Benzol / Cyclohexanon | Benzol / Dioctylphthalat | Benzol / Mesamoll | Benzol / Tricresphosph. |
|---|---|---|---|---|---|---|---|
| Natur-Kautschuk | 18,04 | 1,4 | 1,91 | 1,32 | 8,18 | 14,08 | 58,4 |
| Buna S . . | 8,5 | 2,15 | 1,16 | 1,29 | 17,8 | 22,0 | 47,6 |
| Butyl-Kautschuk | 67,4 | 0,55 | 2,96 | 7,37 | 80,6 | 84,6 | 247 |
| Perbunan . | 1,06 | 9,72 | 2,31 | 0,87 | 24,8 | 13,9 | 14,5 |
| Vulcollan . | 0,18 | 8,36 | 1,8 | 0,51 | 306 | 46,9 | 15,2 |

In entsprechender Weise kann mit hochsiedenden Flüssigkeiten gearbeitet werden, solange die hier zweckdienliche Reihenfolge unpolar, schwach polar, polar erfüllt ist. Ein typisches Beispiel für ein solches System wäre z. B. Paraffinöl, Dioctyladipat, Tricresylphosphat. Mit solchen Flüssigkeiten wird eine längere Quellzeit benötigt, weil infolge der höheren Viskosität die Diffusion langsamer vonstatten geht. Eine Reihe von Ergebnissen sind in Tab. 7 und 8 aufgeführt [8].

POWERS und BILLMEYER [9] arbeiten etwas anders mit dem gleichen Prinzip. Sie stellten fest, daß der Logarithmus des Prozentwertes der Volumenzunahme bis zu 100% Quellung mit dem reziproken Wert des „Anilinpunktes"[1] variiert. Die Versuche wurden bei 25, 70 und 100° C durchgeführt. Der Verlauf der Quellungskurve ist charakteristisch für verschiedene Kautschuktypen; Füllung und Vulkanisationsgrad haben keinen Einfluß.

Das Vanderbilt-Rubber Handbook[2] beschreibt eine interessante Versuchsanordnung zur Bestimmung der Lösungsmittelaufnahme [10].

Die ASTM-Standards geben einen Test auf Styrol an, der wie folgt ausgeführt wird.

1—2 g der acetonextrahierten getrockneten Probe werden mit 20 ml Salpetersäure (1,42) eine Stunde lang am Rückflußkühler gekocht. Man gießt dann die Lösung in 100 ml Wasser ein und extrahiert einmal mit 50 ml und zweimal mit 25 ml Äther. Die vereinigten Ätherextrakte werden zweimal mit 15 ml Wasser gewaschen; die Wasserauszüge werden verworfen. Die Ätherlösung wird dreimal mit je 15 ml 5%iger Natronlauge und danach mit 20 ml Wasser ausgeschüttelt.

Der Alkaliauszug wird mit Salzsäure (1,18) neutralisiert; man fügt dann 20 ml Salzsäure (1,18) im Überschuß zu, erhitzt auf einem Dampfbad und reduziert die gebildete Nitrobenzoesäure durch Zusatz von 5 g granuliertem Zink. Darauf wird die Lösung mit 20%iger Natronlauge alkalisch gemacht; der Alkaliüberschuß soll groß genug sein, um aufgefallenes Zinkhydroxyd eben wieder zu lösen. Man extrahiert zweimal mit Äther. Die wäßrige Lösung wird mit Salzsäure (1,18) wieder angesäuert, auf Zimmertemperatur heruntergekühlt und mit 2 ml 0,5n Natriumnitritlösung versetzt. Die diazotierte Lösung wird in einen Überschuß einer Lösung von $\beta$-Naphthol in 5%iger Natronlauge eingegossen. Eine intensiv scharlachrote Färbung läßt auf die Anwesenheit von Styrol schließen.

Die ASTM-Standards beschreiben noch einen zusätzlichen Test für Butylkautschuk, bei dem die von BURCHFIELD zum Nachweis benutzte Quecksilberverbindung (vermutlich Methoxyisobutylquecksilberacetat) isoliert wird.

Polysulfidkautschuk kann durch seinen Geruch und hohen Schwefelgehalt leicht erkannt werden. Ferner quillt Polysulfidkautschuk sehr stark in Aceton, welches außerdem nur bei ungeheiztem Nitrilkautschuk beobachtet wird. Siliconkautschuk ist charakterisiert durch die Abwesenheit von Kohlenstoff beim Erhitzen und das Entstehen von Kieselsäure.

### Identifizierung von Kautschuk in Mischungen. Pyrolysetests nach Burchfield [3]

*Prinzip der Methode.* Die Probe wird einer trockenen Destillation unterworfen. Die Pyrolyseprodukte werden in spezielle

---

[1] Der Anilinpunkt ist die kritische Lösungstemperatur eines Gemisches von Anilin und einer wasserunlöslichen Flüssigkeit.
[2] Jetzt in 10. Auflage, 1958.

Reagenslösungen eingeleitet, welche dann eine charakteristische Färbung annehmen (Arbeitsgang I), oder sie werden mit Reagenspapieren in Berührung gebracht, die mit entsprechenden Lösungen getränkt sind und sich dann färben (Arbeitsgang II).

Außerdem werden einige Zusatzreaktionen angegeben, die weitere Unterscheidungen gestatten (s. Übersicht).

*Reagentien und Apparatur.* 1. Lösung I: 1,0 g p-Dimethylaminobenzaldehyd und 0,01 g Hydrochinon werden in 100 ml Methanol gelöst. Man fügt 5 ml Salzsäure (1,18) und 10 ml Äthylenglykol zu und bringt das spezifische Gewicht bei 25/4° C durch entsprechende Zugabe von Methanol oder Äthylenglykol auf 0,851. Die Lösung wird in brauner Flasche aufbewahrt.

2. Lösung II: 2,00 g Trinatriumcitrat, 0,2 g Citronensäure, 0,03 g Metanilgelb und 0,03 g Bromcresolgrün werden in 500 ml destilliertem Wasser gelöst.

3. Chloropren-Nitril-Tüpfelpapier und Benetzungslösung: 2,0 g Kupferacetat und 0,25 g Metanilgelb werden in 500 ml Methanol gelöst. Filterpapier wird mit dieser Lösung imprägniert, getrocknet und in Streifen geschnitten. Für die Benetzungslösung werden 2,5 g Benzidinhydrochlorid in einer Mischung von 500 ml Methanol und 500 ml Wasser gelöst. Man fügt 10 ml 0,1%ige wäßrige Hydrochinonlösung hinzu und bewahrt in brauner Flasche auf.

4. Butyl-Tüpfelpapier und Benetzungslösung: Man benutzt reine Filterpapierstreifen. Zur Benetzung unmittelbar vor Gebrauch dient hier eine Lösung von 5,0 g gelbem Quecksilberoxyd in 15 ml Schwefelsäure (1,84) und 80 ml Wasser. Man kocht bis zur vollständigen Lösung, kühlt ab und verdünnt mit Wasser auf 100 ml.

5. Naturkautschuk — Styrol — Tüpfelpapier und Benetzungslösung. Man imprägniert Filterpapier mit einer Lösung von 3 g p-D methylaminobenzaldehyd und 0,05 g Hydrochinon in 100 ml Äther, trocknet und schneidet in Streifen. Die Papiere sind lichtempfindlich und müssen entsprechend aufbewahrt werden.

Die Benetzungslösung besteht aus einer 30%igen Lösung von Trichloressigsäure in Isopropylalkohol.

Apparatur: Reagensgläser, 10 × 75 mm, ein etwa rechtwinklig gebogenes Glasrohr zum Destillieren, äußerer Durchmesser etwa 4 mm, an einem Ende mit einem passenden Korkstopfen versehen. Als Vorlage dienen gleiche Reagensgläser, wie oben definiert.

*Arbeitsgang I.* Eine Probe von etwa 0,5 g wird in ein Reagensglas gegeben und die Destillationsvorrichtung in Arbeitsstellung gebracht. Die Vorlage enthält 1,5 ml der Lösung II. Man erhitzt die Probe mittels einer sehr schwachen Bunsenflamme. Sobald weiße Dämpfe übergehen, taucht man das Destillationsröhrchen

in die Reagenslösung ein und setzt die Erwärmung der Probe für
einige Augenblicke fort. Sobald man sieht, ob eine Farbänderung
stattfindet oder nicht, wechselt man die Vorlage aus gegen eine
andere, die 1,5 ml der Lösung II enthält. Man leitet für einen
Moment die Dämpfe ein und nimmt die Vorlage wieder weg.

Das Destillat mit der Lösung I wird in ein größeres Reagensglas
umgegossen und mit 5 ml Methanol verdünnt. Man läßt 20 Minuten
stehen und beobachtet die Färbung. Dann erwärmt man in einem
Wasserbad von 40—50° C einige Minuten lang und vergleicht auch
die dabei sich entwickelnde Farbe mit Tab. 9.

Tabelle 9. Pyrolyse-Lösungstests

| Kautschuktyp | Lösung I | Lösung II |
|---|---|---|
| Polyvinylchlorid . | gelb | rot |
| Chloropren. . . . | gelb | rot |
| Perbunan . . . . | hellrot | grün |
| Chloropren-Nitril . | hellrot | gelb bis rot |
| Buna S . . . . . | grün | grün |
| Naturkautschuk . | violett | grün |
| Butyl . . . . . . | blaß blaugrün | grün |

Der Test mit Lösung II zeigt, ob ein Säure abspaltender Kautschuktyp vorliegt. Ist dies der Fall, so benutzt man zur weiteren
Identifizierung Zusatzreaktionen (s. dort).

Wenn der Test mit Lösung I auf ein Gemisch von Buna S und
Naturkautschuk hindeutet, welches nur wenig Buna S enthält
(bräunliche Färbung), so kann man zur sicheren Erkennung des
Bunaanteils die Lösung an der Analysenquarzlampe durch ein
Farbglasfilter betrachten, dessen Durchlässigkeitsmaximum bei
750 m$\mu$ liegt[1] (blaugrün). Auf diese Weise kann man noch relativ
schwache Grünfärbungen im Gemisch mit der violetten Naturkautschukfarbe erkennen.

Vulcollan ergibt eine hellgelbe Färbung und Trübung mit
Lösung I. Siliconkautschuk (Wacker R-60) verursacht keine
Veränderung in der Farbe, jedoch wurde die Bildung eines schweren
Kondensattropfens beobachtet.

*Arbeitsgang II.* Ein Streifen des jeweils benutzten Tüpfel-
papieres wird mit einem Ende in die zugehörige Benetzungslösung
getaucht und anschließend mit den Pyrolyseprodukten der zu analysierenden Probe in Berührung gebracht. Bei diesen Papiertests

---

[1] „Neutralglas grau Nr. 10" von SCHOTT.

kann die Probe mit einem heißen Eisenstab behandelt werden; dann wird das Reagenspapier direkt über die entweichenden Dämpfe gehalten. Die Farbänderungen werden gemäß Tab. 10 ausgewertet.

Tabelle 10. *Tüpfelpapier-Tests*

| Kautschuktyp | Chloropren-Nitriltest | Butyltest | NK-GR-S-Test |
|---|---|---|---|
| Chloropren. . . . | rot | blind[1] | blaugrün |
| Perbunan  . . . . | grün[2] | blind[3] | rot |
| Chloropren-Nitril . | rot | blind[1] | blaugrün |
| Butyl . . . . . . | blind[1] | gelb | violett |
| Naturkautschuk  . | blind[1] | blind[1] | dunkelblau |
| Buna S . . . . . | blind[1] | blind[1] | blaugrün |

[1] Die Blindfarbe ist meistens bräunlich oder graubraun.
[2] Verblaßt oft schnell zu gelb.
[3] Evtl. Metallabscheidung.

Zuerst soll der Chloropren-Nitril-Test ausgeführt werden. Liegen die entsprechenden Kautschuktypen nicht vor, so wird die Prüfung mit den anderen Papieren fortgesetzt.

Naturkautschuk und Buna S können mit dem Papiertest nicht immer einwandfrei unterschieden werden. Deshalb arbeitet man in solchen Fällen besser nach Arbeitsgang I. Hingegen gelingt die Unterscheidung von Naturkautschuk und Buna S einerseits und Perbunanen andererseits mit dem Papiertest fast immer gut.

Zur Erkennung von Butylkautschuk ist der Papiertest mit der Quecksilbersulfatlösung gut geeignet.

*Zusatzreaktionen.* 1. Zur Unterscheidung von Chloroprentypen und gesättigten Polyvinyltypen benutzt man den auf S. 60 (Übersicht) beschriebenen Jodtest.

Eine weitere Nachweismöglichkeit für chlorhaltige Typen bietet der altbekannte BEILSTEIN-Test. Ein glühender Kupferdraht wird mit der Probe in Berührung gebracht und färbt dann eine Bunsenflamme leuchtend grün, wenn chlorhaltige Polymere vorliegen.

2. Zur Bestimmung von Polyvinylacetat benutzt man den auf S. 52 beschriebenen Test.

3. Zur Identifizierung von Naturkautschuk kann ein modifizierter Weber-Test dienen, wie auf S. 60 beschrieben.

**Identifizierung von Kautschuk in Mischungen. Quellungstests nach Parker [7]**

*Prinzip der Methode.* Proben der zu analysierenden Mischung werden nach Extraktion getrennt in Benzin, Benzol und Anilin gelegt. Nach einiger Zeit wird durch Wägung die jeweilige Quellung ermittelt.

Man ermittelt dann die Quotienten Benzolquellung/Anilinquellung und Benzolquellung/Benzinquellung und trägt die Werte dieser Quotienten in einem logarithmischen System gegeneinander auf. Die verschiedenen Kautschukklassen fallen unbeeinflußt durch Füllung und Vulkanisationsgrad in definierte Gebiete des Koordinatensystems (s. Übersicht).

*Arbeitsgang.* Drei dünne Scheibchen der zu analysierenden Mischung werden gründlich mit Aceton und Chloroform extrahiert. Man trocknet 2 Stunden bei 70° C und läßt die Stücke anschließend noch 2 Stunden an der Luft liegen. Dann werden die Proben eingewogen und getrennt in Benzin, Benzol und Anilin eingelegt.

Nach 8—12 Stunden nimmt man die Stücke einzeln mit einer Pinzette aus dem Lösungsmittel heraus, tupft sie mit Filtrierpapier ab (bei Benzin und Benzol), bis die Oberfläche eben trocken erscheint, und legt sie dann sofort in vorbereitete (gewogene) Wägegläser, die mittels Schliffdeckel gut verschlossen werden. Die Anilinprobe schwenkt man mit der Pinzette ganz schnell 1 Sekunde lang in Äther hin und her, tupft ab und bringt sie in ein Wägeglas.

Nach der Wägung wird zunächst die Gewichtszunahme in % errechnet. Dann kann man in der von PARKER beschriebenen Weise (s. S. 63) die Quellwerte ermitteln und schließlich die Quotienten Benzolquellung/Anilinquellung und Benzolquellung/Benzinquellung.

Aus einem Koordinatensystem (Abb. 9) kann man Rückschlüsse auf den vorliegenden Kautschuktyp ziehen, wenn man vorher mit Proben von bekannter Zusammensetzung unter gleichen Bedingungen Vergleichswerte festgelegt hat.

## Literatur

[1] BURCHFIELD, H. P.: Ind. Eng. Chem., Anal. Ed. 16, 424 (1944).
[2] WEBER, C. O.: Ber. 33, 779 (1900).
[3] BURCHFIELD, H. P.: Ind. Eng. Chem., Anal. Ed. 117, 806 (1945).
[4] JACOBS, M. B.: Analytical Chemistry of Industrial Poisons, Hazards, and Solvents, p. 348. New York, Interscience Press, 1941.
[5] DENIGES, G.: Compt. rend. 126, 1147 (1898).
[6] PARKER, L. F. C.: J. Soc. chem. Ind. 63, 378 (1944).
[7] PARKER, L. F. C.: J. Soc. chem. Ind. 64, 65 (1945).
[8] FREY, H. E.: Gummi u. Asbest 7, 235 (1954).
[9] POWERS, P. O., u. B. R. BILLMEYER: Ind. Eng. Chem. 37, 64 (1945).
[10] Anon., Vanderbilt Rubber Handbook, 9th ed., New York, R. T. Vanderbilt Co., 1948, p. 488.

# 2. Quantitative Bestimmung von Kautschuk in vulkanisierten Mischungen

## Übersicht

Die quantitative Bestimmung des Naturkautschukanteils einer Gummimischung wird in herkömmlicher Weise indirekt erreicht durch Auflösen des Kautschuks in heißem Paraffinöl und Filtration und Wägung der mineralischen Füllstoffe, des Rußes und des Schwefels. Die Gewichtsdifferenz zur ursprünglichen Probe stellt den Kautschukanteil der Mischung dar.

Durch das Aufkommen einer Anzahl verschiedener synthetischer Kautschuktypen mit sehr unterschiedlichem Lösungsverhalten entstand ein Bedarf für andere Bestimmungsmethoden.

Die Buna S-Typen können mit der Differenzmethode analysiert werden; alle anderen synthetischen Typen nicht.

Nachdem BURGER, DONALDSON und BATY [1] auf Grund der Arbeit von KUHN und L'ORSA [2] eine Methode brachten, mit der Naturkautschuk-Kohlenwasserstoff direkt bestimmt werden kann, bestand die Möglichkeit, Gemische von Naturkautschuk und Buna S zu analysieren, denn das direkte Verfahren liefert bei solchen Gemischen den Naturkautschukwert, während Buna S (GR-S) praktisch nicht stört. Den Gesamtwert (Naturkautschuk + Buna S) kann man mit dem Differenzverfahren ermitteln [3].

Das direkte Verfahren von BURGER, DONALDSON und BATY beruht auf der nassen Oxydation der Methylgruppen der Isopren-Seitenketten zu Essigsäure. Diese wird in eine Vorlage destilliert und alkalimetrisch bestimmt (über Einzelheiten des Verfahrens s. Seite 76 ff.).

Die im Laboratorium des Verfassers erhaltenen Werte sind gut und stimmen mit den von WAKE [4] mitgeteilten überein. Es wurde beobachtet, daß die ASTM-Anweisungen für den Durchlüftungsprozeß zur Entfernung von Kohlensäure exakt beachtet werden müssen, andernfalls bekommt man Fehlergebnisse.

WAKE [4] befaßte sich eingehend mit dem Verfahren und stellte fest, daß hohe Beträge gebundenen Schwefels tiefe Ergebnisse verursachen. WAKE gibt eine Kurve an, aus der man Korrektionsfaktoren ablesen kann[1]. Normale Weichgummimischungen erfordern keine Korrektur, außer der grundsätzlichen, die deshalb nötig ist, weil die Ausbeute an Essigsäure bei der Behandlung von Isopren nach dem vorliegenden Verfahren immer 75% beträgt. Die im Arbeitsgang, Methode b, angegebene Formel berücksichtigt diese Korrektur (ASTM).

LE BEAU [3] untersuchte eingehend die Möglichkeit der kombinierten Anwendung der Differenzmethode und des direkten Verfahrens zur Analysierung von Naturkautschuk-Buna S-Regeneraten. Er betont, daß das direkte Verfahren tiefe Werte für Natur-

---

[1] Ein solcher Korrektionsfaktor würde für eine Mischung mit 10% Schwefel auf Kautschuk etwa 1,15 betragen; für eine Mischung mit 5% Schwefel auf Kautschuk wäre ein Faktor von etwa 1,07 nötig.

kautschuk liefert, wenn das Regenerat noch gebundenen Schwefel enthält [4]. Folgerichtig wird festgestellt, daß der Kautschukanteil, der nicht weiter vulkanisierbar ist, auch keine Essigsäure bei Einwirkung von Chromsäure liefert. Le Beau weist außerdem darauf hin, daß ein weiterer Teil des Kautschuks seinen ungesättigten Charakter durch Oxydation verloren haben kann.

Wenn hingegen viel GR-S und wenig Naturkautschuk vorliegt, kann das Ergebnis der direkten Naturkautschuk-Kohlenwasserstoffbestimmung leicht zu hoch werden wegen des GR-S-Anteils, der mit Chromsäure reagiert (Tab. 13). Auf diese Weise kann eine Fehlerkompensation eintreten.

Ohne Kenntnis der Art des Regenerates kann das kombinierte Verfahren nicht ohne weiteres gute Werte liefern. Le Beau gibt ein Verfahren an, mit dem man Korrekturen ermitteln kann; dazu muß jedoch die Art des Regenerates bekannt sein.

Kemp und Peters [5] benutzten die Jodzahl des Kautschukanteils einer Mischung einerseits und das Ergebnis der Naturkautschuk-Kohlenwasserstoffbestimmung nach Burger, Donaldson und Baty andererseits zur Ermittlung des Anteils von Buna S (GR-S) in Gemischen. Die Jodzahl wird nach dem bekannten Kemp-Wijs-Verfahren [6, 7, 8] mittels Jodchlorid festgestellt. Die Bestimmung des GR-S-Anteils mittels der Jodzahl des Gemisches erfolgt auf Grund der vorbekannten Jodzahl des verwendeten Bunatyps. Kemp und Peters bestimmten die Jodzahl von GR-S auf Grund von 13 Einzelanalysen als 347,0. Ein Beispiel einer Analyse eines Mischvulkanisates ist in Tab. 11 aufgeführt [5]. Im gleichen Artikel geben die Autoren ausführliche Daten über die Jodzahlen anderer synthetischer Kautschuktypen an.

Wake [4] hat sich mit dem Verfahren von Kemp und Peters beschäftigt und einige Modifikationen vorgenommen [9]. Wake fand, daß man mit dem Verfahren grundsätzlich gute Ergebnisse erzielen kann. Als Hauptfehlerquelle führt Wake den Fall an, daß die Probe nicht vollständig gelöst ist, wenn die Halogenierung vorgenommen wird. Deshalb war Wake bemüht, den Lösungsvorgang zu beschleunigen und zu intensivieren (Arbeitsgang II, Seite 81.)

Die Bestimmung des Kautschukanteils in vulkanisierten Butylmischungen kann nicht durch die Differenzmethode erfolgen. Galloway und Wake [10] beschrieben ein Verfahren, bei dem die Moleküle des Polyisobutylen–Butadien-Mischpolymerisates durch Salpetersäurebehandlung gespalten werden. Danach wird mit Petroläther extrahiert und der getrocknete Extrakt als Polyisobutylen gewogen [9].

Tabelle 11. *Analyse von Naturkautschuk- und Buna-S-Vulkanisaten nach dem Verfahren von Kemp und Peters [5]*

| | I | II | III |
|---|---|---|---|
| *Errechnete Kautschukwerte* | | | |
| Naturkautschuk . . . . . . . . . % | 0,00 | 31,8 | 47,6 |
| Naturkautschuk-Kohlenwasserstoff | | | |
| (% Naturkautschuk · 0,95) . . . % | 0,00 | 30,2 | 45,2 |
| GR–S-Kautschuk . . . . . . . . % | 63,4 | 31,7 | 15,8 |
| GR–S-Kautschuk-Kohlenwasserstoff | | | |
| % GR–S · 0,925) . . . . . . . . % | 58,7 | 29,3 | 14,7 |
| *Chemische Analyse* | | | |
| Acetonextrakt . . . . . . . . . . % | 7,8 | 5,6 | 4,0 |
| Chloroformextrakt . . . . . . . . % | 2,0 | 1,0 | 0,75 |
| Gebundener Schwefel . . . . . . . % | 1,27 | 1,86 | 2,13 |
| Jodzahl . . . . . . . . . . . . . % | 225,1 | 232,6 | 235,2 |
| Naturkautschuk-KW (direktes Ver- | | | |
| fahren) . . . . . . . . . . . . . % | 1,45 | 31,3 | 45,3 |
| GR–S-Kautschuk-KW . . . . . . % | 58,8 | 29,0 | 15,9 |
| Naturkautschuk . . . . . . . . . % | 1,53 | 33,0 | 47,6 |
| GR–S-Kautschuk (GR–S-KW | | | |
| +0,93%) . . . . . . . . . . . . % | 63,1 | 31,2 | 17,1 |

$$\% \text{ GR–S-Kautschuk-KW} = \frac{A\,(100 - B) - 372{,}8\,C}{D} \cdot 100$$

$A$ = Jodzahl des extrahierten Vulkanisates.

$B$ = Acetonextrakt + Chloroformextrakt, %.

$C$ = Naturkautschuk-Kohlenwasserstoff, %, ermittelt durch Chromsäure-verfahren.

$D$ = Jodzahl von extrahiertem GR–S. Durchschnittswert für 13 GR–S. Proben: 347,0.

KRESS [*11*] ist es gelungen, dieses Verfahren zu vereinfachen (s. S. 86).

BARNES, WILLIAMS, DAVIS und GIESECKE [*12*] fanden das Paraffinölverfahren zur Trennung des Kautschuks von den Füllstoffen für ihr infrarot-spektroskopisches Verfahren zur Bestimmung des Kautschukanteils unbefriedigend und stellten Versuche mit einer Anzahl tiefsiedender Lösungsmittel an. Folgender Arbeitsgang resultiert aus den durchgeführten Versuchen:

Die dünn ausgewalzte Probe wird mit Aceton und Chloroform gründlich extrahiert. 1 g der getrockneten extrahierten Probe wird in einem 400-ml-Extraktionskolben mit 25 ml p-Cymol und 5 ml Xylol eine Stunde lang auf dem Dampfbad behandelt. Anschließend wird bis zur vollständigen Lösung bei 150—160° C am Rückflußkühler weiterbehandelt. Man kühlt und verdünnt mit 20 ml Benzol und 150 ml Hexan. Nach 10 Minuten kann wie üblich filtriert werden; man wäscht mit einem Gemisch von 5 ml Benzol und 45 ml Hexan.

Das Standardverfahren zur direkten Bestimmung von Styrol-kautschuk beruht auf der Tatsache daß, wenn polymere Substanzen mit gebundenem Styrol mit einem Überschuß an Salpetersäure behandelt werden, die Substanz zuerst nitriert und dann oxydiert wird, wobei p-Nitrobenzoesäure entsteht. Im Falle eines Styrol-Butadien Kautschuks mit etwa 23% Styrol gilt dann die Gleichung:

$$-CH-CH_2-(C_4H_6)_6- + 143\,HNO_3 \rightarrow \underset{NO_2}{\overset{COOH}{\bigcirc}} + 142\,NO_2 + 91\,H_2O + 25CO_2.$$

0,2 g Styrol-Butadien-Kautschuk reagieren mit 4,3 ml 70%iger Salpetersäure und bilden 0,8 ml Wasser [13]. Auf diesem Prinzip beruht das amerikanische Standardverfahren (s. S. 82).

HILTON, NEWELL und TOLSMA [14] haben das Verfahren überarbeitet und bestimmen die gebildete p-Nitrobenzoesäure spektrophotometrisch im ultravioletten Wellenbereich im wäßrigen alkalischen Extrakt. Die Arbeit enthält Tabellen mit Eichwerten sowie Umrechnungsfaktoren für Kautschuktypen mit verschiedenem Styrolgehalt.

TRYON, HOROWITZ und MANDEL [15] benutzen die Infrarotspektren der Pyrolyseprodukte zur Ermittlung des Gehalts an Naturkautschuk und Styrolkautschuk in Mischungen von beiden[1].

BENTLEY und RAPPAPORT [16] fanden, daß Perbunan-Phenolharz-Gemische nicht quantitativ von Mischungen getrennt werden können. Die Autoren beschrieben ein semiquantitatives Verfahren beruhend auf den Infrarotspektren der kondensierten Pyrolyseprodukte.

Bei Perbunanmischungen kann der Stickstoffgehalt der Probe zur Errechnung ihres Gehaltes an polymerer Substanz dienen, wenn der Typ des vorhandenen Perbunans bekannt ist (British Standards B.S. 903). Dieser kann durch Quellung evtl. ermittelt werden. Tab. 12 enthält einige Werte (British Standards B.S. 903).

Tabelle 12
*Stickstoffgehalt einiger Perbunantypen*

| Kautschuktyp | % Stickstoff |
|---|---|
| Butapren NF . . . | 5,7 |
| Perbunan . . . . . | 7,5 |
| Hycar OR 25 . . . | 8,0 |
| Chemigum I . . . | 8,0 |
| Butapren NX . . . | 10,5 |
| Hycar OR 15 . . . | 11,0 |

[1] Vgl. auch D. HUMMEL, Kautschuk u. Gummi **11**, WT 185 (1958).

Entsprechend kann mittels einer Chlorbestimmung der Kautschukanteil bei Chloroprenmischungen ermittelt werden (Tab. 13,

Tabelle 13
*Chlorgehalt einiger Neoprenetypen*

| Kautschuktyp | % Chlor |
|---|---|
| Neoprene GN, CG, KNR . . | 37—38 |
| Neoprene G . . . . . . . . | 38 |
| Neoprene FR . . . . . . . | 29 |
| Neoprene I . . . . . . . . | 32—33 |

British Standards B.S. 903). Die amerikanischen und britischen Standards geben Verbrennungsmethoden an. Von ASTM wird auf die Möglichkeit der Verwendung der Parr-Bombe hingewiesen. Dabei wird betont, daß die Probe möglichst fein verteilt sein muß. Wer mit der Parr-Bombe arbeiten will, kann den von WURZSCHMITT [17] mitgeteilten Aufschluß mit seiner neuen Universalbombe benutzen. Die Chloridtitration kann nach einer modifizierten Volhardmethode [18] oder mit einem Fluoreszenzindikator [19] erfolgen.

In einem Referat [20] wurde auf eine weiter nicht beschriebene Methode zur Bestimmung von Chlor in Polychloropren und PVC verwiesen, die zweckmäßiger als die Carius- oder die Bombenmethode sein soll [21].

PHILLIPS [19] beschrieb eine relativ einfache Verbrennungsmethode zur Bestimmung von Chlor in polymeren Substanzen[1] (s. S. 84).

Der Gehalt einer Probe an Polysulfidkautschuk wird durch eine Schwefelbestimmung ermittelt. Thiokolmischungen welche Polyisobutylen enthalten, können dabei nicht einem nassen Aufschluß unterzogen werden; der Schwefel in solchen Materialien muß durch eine Verbrennungsmethode oder in einer Peroxydbombe aufgeschlossen werden [13].

### Natur- und Styrolkautschuk, indirekt

*Prinzip der Methode.* Der polymere Anteil wird mittels Paraffinöl und/oder anderen Lösungsmitteln gelöst (s. S. 5). Die mineralischen Füllstoffe werden abfiltriert und gewogen. Der Kautschukanteil der Probe wird durch „Differenz" ermittelt.

*Arbeitsgang.* Die Probe wird nach einem der in Abschn. 1 angegebenen Verfahren bearbeitet.

---

[1] Zur Bestimmung von Fluor in Kel-F-Elastomer etc., siehe B. Z. SENKOWSKI e. al., Anal. Chem. **31**, 1574 (1959).

*Errechnung des Kautschukanteils.* Der Kautschukanteil wird gemäß folgendem Ausdruck ermittelt (B.S. 903):

$$KW = 1{,}03\,[100 - (A + C + K + F + X)],$$

worin  KW = Kautschuk–Kohlenwasserstoff,
     A   = Acetonextrakt,
     C   = Chloroformextrakt,
     K   = Alkoholischer KOH-Extrakt,
     F   = Gesamtfüllstoffe und
     X   = Gebundener Schwefel (Gesamtschwefel — Acetonschwefel)

bedeuten und 1,03 ein Faktor ist, der den Acetonextrakt von rohem Naturkautschuk (natürliche Harze) berücksichtigt.

*Bemerkung.* WYATT [*22*] betont den empirischen Charakter der Methode, der allein durch die Tatsache bestimmt ist, daß die Prozentwerte der Extrakte von der Extraktionszeit abhängen.

## Naturkautschuk, direkt

*Prinzip der Methode [1].* Das Verfahren dient zur direkten Bestimmung von Naturkautschuk-Kohlenwasserstoff durch nasse Oxydation der Methylgruppen der Seitenketten mittels Chromsäure zu Essigsäure. Diese wird in eine Vorlage destilliert und mit Alkali titriert.

Das Verfahren kann auch bei der Analyse von Regeneraten Verwendung finden; dabei erhält man jedoch niedrige Ergebnisse (ASTM) [*3*].

*Bemerkungen.* Der Einfluß einiger Komponenten und das Verhalten verschiedener Kautschuktypen bei dem Verfahren sind in den Tab. 14 bis 16 angegeben.

Tabelle 14. *Betrag von Störungen durch Mischungskomponenten bei der direkten Kautschuk-KW-Bestimmung*

| Mischungskomponente | Störungen |
| --- | --- |
| Gebundener Schwefel . . . . | keine, bei normalen Weichgummivulkanisaten |
| Ruß . . . . . . . . . . . . | keine (in Laufflächenmischungen) |
| Cellulose . . . . . . . . . | vernachlässigbar; 2 Gewichts-% reagieren wie Kautschuk-KW |
| Asphalt-Kohlenwasserstoffe (Mineral Rubber) . . . . . | wird durch Aceton- und Chloroformextrakt entfernt; wird nicht extrahiert, reagieren annähernd 45 Gewichts-% wie Kautschuk-KW |
| Faktis, braun . . . . . . . | vernachlässigbar nach Extraktion |

Tabelle 15. *Verhalten kautschukähnlicher Substanzen bei dem Chromsäure-Oxydationsverfahren*

| Kautschuktyp | erhaltene Werte |
|---|---|
| Hartgummi (Hard rubber). . | etwa 50 Gewichts-% reagieren wie Kautschuk-KW |
| Balata . . . . . . . . . . | reagieren fast genau so wie Kautschuk-KW |
| Thiokol RD . . . . . . . . | etwa 18 Gewichts-% reagieren wie Kautschuk-KW |
| Perbunan . . . . . . . . . | etwa 1,5—2 Gewichts-% reagieren wie Kautschuk-KW |
| Buna S . . . . . . . . . . | etwa 3 Gewichts-% reagieren wie Kautschuk-KW |
| Neoprene GN . . . . . . . | etwa 3 Gewichts-% reagieren wie Kautschuk-KW, wenn eine Modifikation zur Vermeidung von Störungen durch Chlor vorgenommen wird[1]. |

[1] Diese Modifikation besteht darin, daß dem Destillat nach dem Durchlüftungsprozeß neutrales Kaliumjodid zugefügt wird; das Jod wird mit neutralem Natriumthiosulfat weggenommen, bevor mit 0,1 n Natronlauge titriert wird.

Tabelle 16. *Naturkautschuk-Kohlenwasserstoffgehalt verschiedener Handelssorten, nach dem direkten Oxydationsverfahren. Beitrag von R. Miksch (Metzeler)*

| NK-Sorte | KW-Gehalt | Umrechnungsfaktor |
|---|---|---|
| Ribbed Smoked Sheets No. 1 . | 98,0 | 1,020 |
| Ribbed Smoked Sheets No. 2 . | 95,6 | 1,047 |
| Nigeria Sheets . . . . . . . | 93,0 | 1,076 |
| First Latex Crepe . . . . . | 95,3 | 1,050 |
| Remilled Crepe . . . . . . | 96,3 | 1,040 |
| Flat Bark Crepe . . . . . . | 93,5 | 1,070 |

*Reagentien und Apparatur.* Chromsäurereaktionsgemisch: 200 g $CrO_3$ werden in 500 ml Wasser gelöst; man fügt 150 ml Schwefelsäure (1,84) zu und vermischt.

Maßflüssigkeit: 0,1 n Natronlauge.

Indikatorlösung: 10 g Phenolphthalein werden in 1 l Äthylalkohol gelöst.

Apparatur: Zur Anwendung gelangt die in Abb. 9 abgebildete Anordnung. Gummiverbindungen sollen dort vermieden werden, wo sie in Kontakt mit dem Reaktionsgemisch kommen könnten.

Durchlüftungsanordnung: Die in Abb. 9 abgebildete Durchlüftungsanordnung enthält eine Kapillare, J, die, wenn die Anordnung an die Vakuumleitung angeschlossen ist, einen Luftstrom von etwa 2 l/min durch den Kolben läßt. Wenn das Vakuum kleiner als 30 mm Hg ist, soll die Kapillare annähernd 10 cm lang

sein und einen inneren Durchmesser von 0,75 mm haben. Da es
wichtig ist, daß die Durchlüftung mit einem Strom von 2 l/min
±20% erfolgt, soll jede Kapillare vor Benutzung geprüft werden.

Dies kann auf folgende Weise geschehen: Man taucht einen Meßzylinder mit der Öffnung in einen mit Wasser gefüllten Becher und saugt durch
die Kapillare mit Hilfe eines umgebogenen Glasrohres die Luft aus dem
Meßzylinder. Der Luftstrom entspricht der Geschwindigkeit, in der das
Wasser im Meßzylinder steigt.

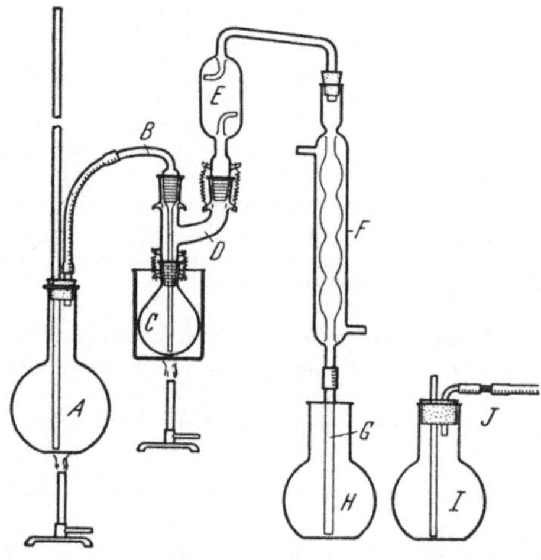


Abb. 10. Apparatur zur direkten Bestimmung von Naturkautschuk-KW.
Aus V. L. BURGER, W. E. DONALDSON und J. A. BATY, ASTM Bull. **120**, 23 (1943)

A Wasserdampfkolben, 1000 ml  B Dampfrohr, Normalschliff NS 29  C Reaktionskolben,
300 ml  D Verbindungsstück, Normalschliffe NS 20  E Brücke mit Spritzfänger  F Kühler
G Verlängerungsstück  H Vorlage, 1000 ml  I Durchlüftungsordnung  J Kapillare

*Arbeitsgang. 1. Vulkanisierte Mischungen.* Eine dünn ausgewalzte Probe, die etwa 0,3 g Naturkautschuk-KW enthält, wird
analytisch genau eingewogen, in Filterpapier eingewickelt, und
mindestens 8 Stunden lang mit Aceton extrahiert. Danach wird
4 Stunden lang mit Chloroform extrahiert und dann eine Stunde
lang bei 100° getrocknet.

*2. Unvulkanisierte Mischungen oder Regenerat.* Wenn das Material Mineral Rubber oder Faktis enthalten kann, soll es zunächst
auf geeignete Weise vulkanisiert werden. Danach wird eine entsprechende Probe mit Aceton und Chloroform extrahiert.

Proben, die nicht durchgeheizt sind, sollen nicht mit Chloroform
extrahiert werden.

Man füllt den Kolben A mit 700—900 ml destilliertem Wasser.
Einige ml Wasser gibt man in den Kolben H, damit das Verlänge-

rungsstück des Kühlers in die Flüssigkeit eintaucht. Der Reaktionskolben $C$ wird an der Stelle markiert, wo das Flüssigkeitsniveau bei einem Inhalt von 75 ml ist. Man gibt $50\pm1$ ml Chromsäurereaktionsgemisch in den Reaktionskolben, nimmt das Dampfrohr $B$ weg, und gibt die extrahierte und getrocknete Probe in den Reaktionskolben[1]. Das Dampfrohr wird wieder aufgesetzt und alle Verbindungen geschlossen. Das Wasser in dem Becherglas, welches den Reaktionskolben umgibt, wird zum Sieden erhitzt und 1 Stunde lang auf Siedetemperatur gehalten, dann werden Brenner und Becherglas weggenommen.

Während der oben beschriebenen Vorbehandlung wird der Wasserdampfkolben erhitzt, wobei der Stopfen entfernt ist. Wenn die Vorbehandlung beendet ist und das Wasser im Kolben $A$ kocht, setzt man den Stopfen wieder auf und leitet den Dampfstrom durch den Reaktionskolben $C$. Wenn in diesem das Volumen der Flüssigkeit auf annähernd 75 ml gestiegen ist, bringt man eine kleine Flamme unter den Kolben, um das Volumen von 75 ml aufrechtzuerhalten. Die Destillation wird solange fortgesetzt, bis 500 ml in der Vorlage $H$ sind.

Dann werden die Brenner und gleichzeitig die Vorlage entfernt, wobei das Kühlerverlängerungsstück mit destilliertem Wasser abgespült wird.

Die Flüssigkeit in der Vorlage wird auf eine Temperatur von $25\pm5°$ C gebracht und die Vorrichtung für die Durchlüftung auf den Kolben aufgesetzt. Man schließt an Vakuum an und saugt eine halbe Stunde lang einen Luftstrom von 2 l/min durch. Die angegebenen Bedingungen für diesen Durchlüftungsprozeß müssen genau eingehalten werden. Schließlich wird der Kolben geöffnet und Aufsatz und Glasrohr dabei abgespült. Man gibt Phenolphthalein zu und titriert mit 0,1 n Natronlauge.

Mit den zur Verwendung kommenden Reagentien soll ein Blindversuch durchgeführt werden, wobei der Verbrauch an NaOH 0,2—0,3 ml nicht übersteigen soll.

Die Berechnung des Resultates erfolgt gemäß

$$\text{Naturkautschuk-KW} = \frac{0{,}908\,(A - B)}{C}\,,$$

worin $A =$ ml NaOH beim Versuch titriert,
       $B =$ ml NaOH beim Blindversuch titriert
und   $C =$ Gewicht der Probe vor der Extraktion bedeuten.

---

[1] Filterpapier, welches evtl. noch an der Probe hängt, braucht nicht entfernt zu werden, da kleine Mengen Cellulose keinen Einfluß auf das Ergebnis haben.

### Natur- und Styrolkautschuk (Jodzahl)

*Prinzip der Methode.* Das Verfahren liefert die Jodzahl eines Vulkanisates. Die Probe wird mit Aceton und Chloroform extrahiert, in p-Dichlorbenzol gelöst und mittels Jodchlorid halogeniert.

Naturkautschuk-KW wird nach der direkten Methode bestimmt. Sofern die Jodzahl des in der Mischung vorliegenden Buna-Typs bekannt ist (GR-S = 347,0), kann mit der nach dem vorliegenden Verfahren erhaltenen Jodzahl der Gehalt der Probe an Buna S (GR-S) ermittelt werden (Tab. 11).

*Reagentien.* Jodmonochloridlösung: 0,1 n Lösung in Tetrachlorkohlenstoff;

Maßflüssigkeit: 0,1 n Natriumthiosulfatlösung;

Kaliumjodidlösung: 15%ig wäßrig;

Stärkeindikator: 1%ig wäßrig;

p-Dichlorbenzol.

*Arbeitsgang I.* Eine Probe von etwa 0,1 g wird 16 Stunden mit Aceton und anschließend 4 Stunden mit Chloroform extrahiert. Dann wird bei 70° C bis zur Gewichtskonstanz getrocknet und kurze Zeit hohem Vakuum ausgesetzt.

Die Probe wird in einem 500-ml-Erlenmeyer mit Schliffstopfen mit 50 g p-Dichlorbenzol versetzt und der Kolben auf eine Heizplatte mit einer Oberflächentemperatur von 175—185° C gebracht. Der Inhalt des Kolbens wird von Zeit zu Zeit leicht umgeschwenkt und geschüttelt, um den Lösungsvorgang zu bescheunigen, wobei jedoch darauf geachtet werden muß, daß sich keine Materialteilchen an der Glaswand oberhalb des Flüssigkeitsniveaus festsetzen. Wenn die Probe gelöst ist (30—45 Minuten genügen meistens)[1], läßt man auf Zimmertemperatur abkühlen. Bevor das p-Dichlorbenzol vollständig auskristallisiert ist, fügt man 50 ml Chloroform zu und dann, nach einigem Umschwenken, mit Sorgfalt 25 ml Jodchloridlösung. Der Glasstöpsel des Kolbens wird mit Kaliumjodidlösung benetzt und dann der Kolben verschlossen. Man läßt bei Zimmertemperatur eine Stunde lang im Dunkeln stehen. Dann wird der Kolben geöffnet, der Glasstöpsel mit destilliertem Wasser in den Kolben abgespült, 50 ml destilliertes Wasser und 25 ml Kaliumjodidlösung zugefügt und nach Zusatz von Stärkeindikator der Jodüberschuß mit 0,1 n Natriumthiosulfatlösung mit der üblichen Sorgfalt zurücktitriert. Gegen Ende der Titration gibt man 25 ml Äthylalkohol zu, um die Emulsion aufzuheben.

---

[1] Dr. KOLB u. Mitarbeiter (Dunlop) finden, daß der Lösungsvorgang oft viele Stunden in Anspruch nimmt. Der Endpunkt der Titration sei oft schwer erkennbar.

Eine Blindprobe, die alle Stadien des Arbeitsganges durchläuft, soll ausgeführt werden. Die Differenz an Verbrauch von Natriumthiosulfatlösung zwischen Blindprobe und Analyse wird in untenstehende Formel zur Errechnung der Jodzahl eingesetzt:

$$\text{Jodzahl} = \frac{\text{ml } 0{,}1 \text{ n Na}_2\text{S}_2\text{O}_3 \cdot 1{,}2692}{\text{Gewicht der Probe in g}}.$$

*Arbeitsgang II.* Eine fein zermahlene Probe des Vulkanisates von etwa 0,06 g wird mit Aceton extrahiert und dann direkt in 10 ml Tetrachlorkohlenstoff gegeben. Das Gemisch wird auf einer Heizplatte erhitzt und die Lösung lebhaft gekocht, bis der größere Teil verdampft ist. Danach (nach etwa 10 Minuten) ist die Probe gut gequollen, und man fügt dann 50 g p-Dichlorbenzol zu dem heißen Gemisch, worauf bei einer Heizplattentemperatur von etwa 180° C weiter erhitzt wird, bis die Probe vollständig gelöst ist. Dann läßt man abkühlen und fügt 50 ml Chloroform und dann 25 ml 0,2n Jodchloridlösung in Tetrachlorkohlenstoff zu. Man verfährt zunächst weiter wie in Arbeitsgang I beschrieben. Schließlich werden 50 ml Kaliumjodidlösung, 40 ml Wasser und 75 ml Alkohol zugefügt. Dann wird mit Thiosulfat wie üblich gegen Stärke titriert; die Emulsion verschwindet unmittelbar vor dem Endpunkt, und anwesender Ruß geht in das organische Lösungsmittel.

*Bemerkungen.* Das Verfahren ist anwendbar für Naturkautschuk einschließlich Regenerat, Buna S und Gemische von beiden. Chloropren und seine Mischpolymerisate können mit diesem Verfahren nicht analysiert werden.

Bei der Errechnung des Kautschukgehaltes der Probe aufgrund ihrer Jodzahl muß entweder der Naturkautschuk-Kohlenwasserstoff, GR-S, oder die Summe beider Kautschukarten (Differenzmethode) auf andere Weise ermittelt werden.

*Errechnung der Ergebnisse.* Wenn das Verfahren auf Gemische von Buna S (GR-S) und Naturkautschuk angewendet wird, können folgende Formeln zur Ermittlung der Menge der einzelnen Komponenten benutzt werden:

Wenn J = Jodzahl, berechnet auf unextrahierte Probe,
R = tatsächlicher Naturkautschuk-KW-Gehalt, und
r = mutmaßlicher Naturkautschuk-KW-Gehalt (d. h. der durch direkte Bestimmung erhaltene Wert) ist, so folgt

$$R = 1{,}03 \, r - J/112, \text{ und}$$
$$\text{GR–S–KW} = 0{,}298 \, J - 1{,}11 \, r.$$

Diese Rechnungsform kann nur benutzt werden, wenn bekannt ist, daß das vorliegende Butadien–Styrol-Mischpolymerisat 25% Styrol enthält. Liegen unbekannte Butadien–Styrol-Mischpolymerisate vor, so kann die Jodzahl zur Ermittlung des Butadien-Gehaltes dienen. Die theoretische Jodzahl für Polybutadien ist 469,6. So folgt:

$$\frac{J}{469,6} \cdot 100 = \% \text{ Butadien.}$$

Wenn Mischungen untersucht werden, die noch andere Kautschuktypen enthalten, so muß die Jodzahl gemäß der des anderen Kautschuktyps korrigiert werden. Wird also eine Probe analysiert, die ein unbekanntes Butadien–Styrol-Mischpolymerisat und Naturkautschuk enthält, so können folgende Ausdrücke zur Ermittlung des Styrolgehaltes des Mischpolymerisates Verwendung finden:

Wenn J = Jodzahl, berechnet auf unextrahierte Probe,
     D = Butadiengehalt der Probe,
     r = mutmaßlicher Gehalt an Naturkautschuk-KW (d. h. der durch direkte Bestimmung erhaltene Wert),
     C = Gehalt an Butadien–Styrol-Mischpolymerisat (ermittelt durch Differenzmethode: Gesamtkautschuk minus Naturkautschuk) und
     S = Styrolgehalt der Probe bedeuten, folgt
        D = 0,213 J — 1,11 r, und schließlich
        S = C — D;

hieraus ergibt sich der

$$\text{Styrolgehalt des Mischpolymerisates in } \% = \frac{100\,S}{D + S}.$$

### Styrolkautschuk

*Prinzip der Methode.* Das Verfahren ist übernommen von Federal Test Method Std. No. 601, Method 15311, und ist geeignet zur Bestimmung von Styrol in Gummimischungen. Butadien-Styrol Mischpolymerisate werden durch Salpetersäure und durch Kaliumpermanganat oxydiert, wobei p-Nitrobenzoesäure entsteht. Letztere wird in Äther ausgeschüttelt und alkalimetrisch bestimmt.

*Reagentien.* Natriumhydroxydlösung, 20%ig wäßrig. Natriumhydroxyd, 4%ig wäßrig. Natriumhydroxyd-Standardlösung, 0,1 normal. Kaliumpermanganatlösung, 4%ig wäßrig. Schwefelsäure, 25%ig wäßrig. Natriumbisulfitlösung, 4%ig wäßrig.

*Arbeitsgang.* Etwa 2 g Gummimischung oder 1 g Rohkautschuk werden mit Aceton extrahiert und getrocknet. Die extrahierte Probe wird in einen 250 ml-Kolben eingebracht, welcher mittels einer Schliffverbindung an einen Rückflußkühler angeschlossen ist. Man fügt 20 ml konzentrierte Salpetersäure zu und erwärmt langsam bis die Reaktion beginnt. Daraufhin unterbricht man die Erwärmung. Wenn nötig, muß man von außen kühlen. Sobald die Reaktion nachläßt, erhitzt man zum Sieden für etwa 6 Stunden, worauf man etwa 20 ml destilliertes Wasser durch den Kühler gießt und den Kolben abkühlen läßt. Man gibt langsam 20%ige Natronlauge zu bis das Gemisch neutral gegen Lackmuspapier ist und einen aber nicht mehr als zwei ml im Überschuß.

Das Gemisch wird quantitativ in einen 500 ml Erlenmeyerkolben überführt und 50 ml Kaliumpermanganatlösung zugegeben. Man schwenkt um und beläßt den Kolben für fünf Stunden auf einem Dampfbad. Man schwenkt ab und zu um. Wenn die rosa Farbe verblaßt, fügt man weitere 10 ml Kaliumpermanganatlösung zu.[1]

Die heiße Lösung wird durch einen Büchnertrichter gesaugt und Kolben und Filter mit dest. Wasser ausgewaschen. Das Filtrat wird in ein 500 ml-Becherglas überführt, gekühlt, und mit soviel 25%iger Schwefelsäure versetzt bis Kongorotpapier eben sauer reagiert. Sodann wird unter Umrühren Natriumbisulfitlösung langsam eintropfen lassen, bis die rosa Färbung gerade eben verschwindet.

In einem Scheidetrichter wird die Lösung dreimal mit je etwa 100 ml Äthyläther ausgeschüttelt. Die vereinigten Ätherextrakte werden mit 10 ml dest. Wasser ausgeschüttelt und die wäßrige Schicht verworfen. Sodann wird die ätherische Lösung nacheinander ausgeschüttelt mit 25 ml, 12,5 ml und nochmals 12,5 ml 4%iger Natronlauge und schließlich mit 15 ml dest. Wasser. Die Ätherschicht wird sodann verworfen.

Die vereinigten Natriumhydroxyd-Auszüge werden in einen Scheidetrichter überführt und mit 25%iger Schwefelsäure angesäuert. Sodann wird dreimal mit je 50 ml Äthyläther ausgeschüttelt. Die vereinigten Ätherextrakte werden zweimal mit je 10 ml dest. Wasser ausgezogen, um Reste von Schwefelsäure zu entfernen.

Der Ätherextrakt wird eingedampft und der Rückstand mit Aceton aufgenommen und wiederum eingedampft. Man trocknet zur Gewichtskonstanz bei 60° C. Ein kristalliner Rückstand liegt vor, wenn die Probe Styrolkautschuk enthielt. Der Rückstand wird in 25 bis 75 ml neutralem 95%igem Äthylalkohol aufgelöst und mit 0,1 n Natronlauge gegen Phenolphthalein titriert.

Der Gehalt der Probe an Styrolkautschuk läßt sich errechnen gemäß

$$\% \text{ Styrolkautschuk} = \frac{A \times 0{,}104}{W} \times 100 \, ,$$

worin $A$ = ml 0,1 n NaOH verbraucht, und
$W$ = Einwage bedeuten.

---

[1] Wenn mehr als zwei extra Zugaben von KMnO$_4$-Lösung nötig sind, ist es möglich, daß die Lösung zu stark alkalisch war und niedrige Resultate erhalten werden.

### Chloroprenkautschuk

*Prinzip der Methode.* Die Methode ist übernommen von Federal Test Method Std. No. 601, Method 15111, und beruht auf der Bestimmung des Chlorgehaltes der Probe, wovon die vorhandene Menge Polychloropren errechnet wird. Dabei wird von der Annahme ausgegangen, daß Polychloropren 9,1% nicht-polymere Substanzen enthält und einen Chlorgehalt von 36,5% besitzt.

*Reagentien.* Silbernitratlösung, 0,113 n, wäßrig.

Natriumthiocyanatlösung, 0,056 n, wäßrig.

Eisen(III)ammoniumsulfat, wäßrige gesättigte Lösung.

*Arbeitsgang.* Die fein zerteilte und gewogene Probe wird in einen 10 ml-Moneltiegel gegeben und mit Natriumcarbonat überschichtet. Das Ganze wird umgekehrt (Oberseite nach unten) in einen 25 ml-Moneltiegel eingebracht, welcher innen rundherum mit wasserfreiem Natriumcarbonat gefüllt wird.

Die Anordnung wird bei 725° C in einen Muffelofen gestellt und die Temperatur innerhalb von etwa 15 Min. auf 800° C erhöht. Nach 15 bis 20 Minuten wird der Tiegel herausgenommen und abkühlen lassen.

Der Inhalt wird in ein Becherglas überführt und in destilliertem Wasser gelöst. Man neutralisiert mit 20%iger Salpetersäure und fügt 5 ml im Überschuß zu. Dann wird mit destilliertem Wasser auf ein Gesamtvolumen von etwa 150 ml verdünnt.

Nach langsamer Zugabe, unter Umrühren, von genau 20 ml 0,113 n Silbernitratlösung wird die Lösung zum Sieden erhitzt und daraufhin abkühlen lassen. Man titriert sodann den Überschuß an Silbernitrat mit 0,056 n Natriumthiocyanatlösung in Gegenwart von 2 ml gesättigter Eisen(III)ammoniumsulfatlösung zu einem bleibenden rosa.

Das Ergebnis wird ermittelt gemäß der Beziehung

$$\% \text{ Chlor} = \frac{(A - B)\ 0{,}0355 \cdot 100}{W},$$

worin

A = ml 0,113 n Silbernitratlösung,
B = ml 0,056 n Natriumthiocyanatlösung verbraucht,
W = Einwage.

Aus dem so gefundenen Chlorgehalt läßt sich die vorhandene Menge an Polychloropren, unter den eingangs erwähnten Voraussetzungen, ermitteln gemäß

$$\% \text{ Chloroprenkautschuk} = \frac{\% \text{ Chlor}}{0{,}365}.$$

## Chloroprenkautschuk. Verbrennung nach Philips [19]

*Prinzip der Methode.* Die Probe wird in einem Rohr verbrannt. Die Verbrennungsprodukte werden mittels Sauerstoffstrom über Bariumcarbonat geleitet. Das gebildete Chlorid wird volumetrisch bestimmt.

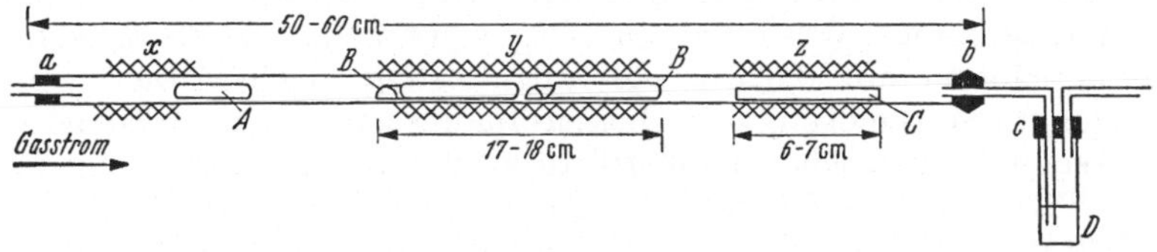

Abb. 11. Verbrennungsrohr zur Chlorbestimmung.
Aus W. M. PHILLIPS, Plastics (London) **12**, 587 (1948)

*Reagentien und Apparatur.* Maßflüssigkeit: 0,025 n Silbernitratlösung;

Stärkelösung:     10%ig wäßrig;

Indikatorlösung: Natrium-Dichlorofluorescein, 0,1%ig wäßrig.

*Apparatur.* Verbrennungsrohr mit angeschlossener Waschflasche gemäß Abb. 11. Das Rohr besteht aus schwer schmelzbarem Glas, Länge etwa 60 cm, innerer Durchmesser etwa 1 cm.

Die zur Erhitzung vorgesehenen Stellen sind mit Drahtgaze umwickelt ($x, y, z$). Der bei $a$ eingeleitete Sauerstoffstrom wird durch einen Pregl-Druckregler kontrolliert. Das ausströmende Gas geht durch Silbernitratlösung in $D$. Die Probe befindet sich in einem Platinverbrennungsschiffchen $A$, kurz vor $Z$-förmigen Platin-Kontaktstücken $B$, die mittels Reihenbrenner erhitzt werden. Ein langes Porzellanschiffchen $C$ enthält Bariumcarbonat und wird durch einen Bunsenbrenner erhitzt. Für die Verbindungen $a$, $b$ und $c$ können Gummistopfen verwendet werden.

*Arbeitsgang.* Das Verbrennungsrohr wird mit Chromschwefelsäure und anschließend mit Wasser und Alkohol ausgespült und getrocknet. Die Drahtwicklungen werden in Arbeitsstellung gebracht und die Platinkontaktstücke eingelegt, nachdem sie in verdünnter Salpetersäure ausgekocht, abgespült und getrocknet worden waren. Das Porzellanschiffchen (äußere Maße etwa 7 · 0,6 cm) welches ebenso wie die Platinstücke gereinigt worden war, wird mit Bariumcarbonat gestrichen gefüllt und in das Rohr eingelegt. Man schickt Sauerstoff (11—12 ml/min) durch den nun geschlossenen Apparat und erhitzt das Rohr beim Katalysator und beim Bariumcarbonat auf etwa 600° C. Inzwischen wurde die eingewogene, mit Aceton extrahierte und getrocknete Probe (etwa 20 mg je nach Chlorgehalt) in das Verbrennungsschiffchen gegeben und wird nun in das Verbrennungsrohr etwa 4 cm von den Platinkontakten entfernt eingelegt und mäßig erhitzt, so daß sie nach etwa 1 Stunde abgebrannt ist.

Danach wird die Erhitzung vermindert und schließlich beendet; man läßt das Rohr abkühlen, während der Sauerstoffstrom aufrechterhalten wird. Das Schiffchen mit Bariumcarbonat wird herausgenommen, der Inhalt in Wasser gebracht und das gelöste Bariumchlorid mit 0,025 n Silbernitratlösung in Gegenwart von einigen ml Stärkelösung und Dichlorofluorescein-Indikator titriert.

Wenn die angesäuerte Silbernitratlösung in der Waschflasche *D* eine Trübung aufweist, muß die Analyse wiederholt werden. Bei gefüllten Substanzen, die Asche zurücklassen, soll diese mit Salpetersäure behandelt und im gelösten Teil evtl. vorhandenes Chlorid separat bestimmt und zum Ergebnis der Verbrennungsanalyse hinzugezählt werden.

## Polyisobutylen

*Prinzip der Methode.* Das Verfahren ist unverändert von KRESS übernommen [*11*]. Die Probe wird mit Salpetersäure zersetzt, wobei jedoch Polyisobutylen nicht angegriffen wird. Letzteres wird abfiltriert, in Petroläther und Chloroform gelöst und ausgefällt, getrocknet und gewogen.

*Reagentien.* Chloroform-Petroläthergemisch, 1:1 (Volumen). Denaturierter Äthylalkohol, tert.-Butylhydroperoxyd; Kieselgur.

*Arbeitsgang.* Etwa 1 g der zu analysierenden Mischung wird dünn ausgewalzt und mit Aceton extrahiert. Danach wird die Probe klein geschnitten und in ein 250 ml Becherglas überführt. Man fügt etwa 5 ml konzentrierte Salpetersäure zu und läßt einige Minuten stehen. Wenn die anfängliche Reaktion langsam verläuft, wärmt man das Glas vorsichtig bis Dämpfe entstehen. Wenn nach einigen Minuten die Reaktion nachläßt, fügt man weitere 50 ml konzentrierte Salpetersäure zu und erwärmt mäßig für etwa eine Stunde. Ist die Probe nach dieser Zeit nicht völlig zerfallen, oder wenn bekannt ist daß ein hoher Prozentsatz an Butylkautschuk vorliegt, fügt man vorsichtig etwa 3 ml Xylol zu und setzt die Erwärmung fort bis letzteres verflüchtigt ist.

Man fügt der Analysenlösung etwa einen Teelöffel voll Kieselgur zu und saugt heiß durch einen vorbereiteten Gooch-Tiegel, in welchem sich etwa 1 cm hoch Kieselgur befindet. Man wäscht zweimal mit je etwa 10 ml kalter Salpetersäure und dann mit reichlich heißem Wasser, bis das Filtrat farblos ist. Sodann unterbricht man die Filtration um die Saugflasche zu entleeren, da sonst durch die nachfolgende Alkoholbehandlung eine heftige Reaktion mit der Salpetersäure entstehen könnte.

Man saugt einen Tiegel voll Alkohol durch. Der Inhalt des Tiegels wird in einen 250 ml-Erlenmeyerkolben mit Schliffstopfen überführt. Man benetzt ein Stück Filterpapier mit Chloroform um den Tiegel damit auszuwischen, und bringt dasselbe dann auch in den Erlenmeyerkolben ein. Danach fügt man Siedesteine und etwa 200 ml des Chloroform–Petroläther-Gemisches zu, sowie etwa 5 ml tert.-Butylhydroperoxyd. Man kocht am Rückflußkühler mindestens drei Stunden.

Eine Glasfritte oder Büchnertrichter wird mit Filterpapier ausgelegt und mit einer dünnen Lage Kieselgur versehen. Die Chloroform-Petrolätherlösung wird in mäßiger Geschwindigkeit durchgesaugt. Man wäscht zweimal mit je 20 ml warmem Petroläther. Das Filtrat wird quantitativ in ein 250 ml Becherglas überführt und die Lösung auf dem Wasserbad vorsichtig eingeengt auf etwa 20 ml. Dann überführt man in einen 50 ml-Erlenmeyerkolben, welcher vorher genau gewogen wurde und dampft vorsichtig ein, jedoch nicht ganz zur Trockne. Man läßt abkühlen und fällt Polyisobutylen aus durch Zugabe von 25 ml Äthylalkohol.

Man erhitzt zu gelindem Sieden etwa 5 Minuten lang, läßt abkühlen und dekantiert den Alkohol vorsichtig ab. Man wäscht mit etwa 10 ml Aceton indem man vorsichtig umschwenkt und abgießt, solange keine Polyisobutylenteilchen verloren gehen. Sodann trocknet man ein bis zwei Stunden bei 110° C und wägt direkt als Polyisobutylen.

### Nitrilkautschuk (Stickstoff)

*Prinzip der Methode.* Das Verfahren dient zur Bestimmung von Stickstoff in Acrylonitril-Mischpolymerisaten. Die vulkanisierte Kautschukprobe wird mittels konzentrierter Schwefelsäure und Kaliumsulfat in Gegenwart eines Katalysators in der Hitze oxydiert.

Die Bestimmung des Stickstoffs erfolgt nach dem Kjeldahlprinzip[1]; das Reaktionsgemisch wird alkalisch gemacht, der gebildete Ammoniak in Borsäure destilliert und schließlich mit Salzsäure titriert.

*Bemerkungen.* Der Stickstoffgehalt eines Vulkanisates kann Aufschluß darüber geben, wieviel Acrylonitril die Probe enthält; vorausgesetzt, daß die Probe außerdem keine anderen, in Aceton und Chloroform unlöslichen Stickstoffverbindungen enthält. Da der Acrylonitrilgehalt handelsüblicher synthetischer Kautschuk-

---

[1] WAKE's Buch (Fußnote S. 2) zeigt auf Seite 79 die Mikro-Kjeldahl-Apparatur wie sie von BS 903 (1958) Part B 12 vorgeschlagen wird.

typen variiert (Tab. 10), ist aus dem Ergebnis der Gehalt der Probe an einem solchen Kautschuktyp nicht direkt ableitbar, wenn nicht der Typ des vorliegenden Kautschuks bekannt ist.

Bei Abwesenheit anderer Stickstoffverbindungen in der extrahierten Probe ergibt sich der Acrylonitrilgehalt derselben durch Multiplikation des Stickstoffwertes mit 3,79.

*Reagentien.* Schwefelsäure (1,84);

Kaliumsulfat, wasserfrei,

Natronlauge, 40%ig wäßrig,

Kupfersulfat, oder Selen und Quecksilberacetat,[1]

Borsäurelösung: 40 g Borsäure werden in Wasser gelöst und auf 2 l aufgefüllt. Man fügt 20 ml Indikatorlösung zu und mischt gut;

Indikatorlösung: 0,125 g Methylrot und 0,083 g Methylenblau werden in 100 ml Alkohol gelöst;

Maßflüssigkeit: 0,1 n Salzsäure.

*Arbeitsgang.* 1 g der Probe wird genau eingewogen und mit Aceton und Chloroform wie üblich gründlich extrahiert (s. S. 92). Die Probe wird 1 Stunde lang bei 70—100° getrocknet und in einen trockenen 250-ml-Kjeldahlkolben gebracht. Man fügt 10 g Kaliumsulfat, 0,5 g Kupfersulfat (oder ebensoviel Selen und Quecksilberacetat) und schließlich 25 ml Schwefelsäure (1,84) zu.

Der Kolben wird auf dem elektrischen Sandbad zunächst mäßig, dann stärker erhitzt, bis die Lösung fast siedet. Die Erhitzung wird solange fortgesetzt, bis die Flüssigkeit klar wird; dann erhitzt man noch weitere 45 Minuten und läßt danach abkühlen. Nun verdünnt man vorsichtig mit Wasser und überführt die Lösung in einen 1000-ml-Rundkolben. Der Kjeldahlkolben wird mehrmals mit Wasser ausgewaschen und die Waschlösung in den 1000-ml-Kolben nachgegeben. Darin verdünnt man nun auf ein Gesamtvolumen von etwa 600 ml und fügt einige Siedesteinchen zu.

Der Literkolben wird mit einem doppelt durchbohrten Gummistopfen versehen, durch den ein Scheidetrichter und eine Destillationsbrücke mit Spritzfänger eingeführt wird. Die Brücke ist auf der anderen Seite an einen Kühler angeschlossen. Als Vorlage dient ein 750-ml-Erlenmeyerkolben, der 50 ml Borsäurelösung enthält; ein Verlängerungsstück des Kühlers soll in diese Lösung eintauchen.

Bei der Fed. Test/Meth. No. 601, Meth. 15211, wird in diesem Stadium der Analyse 1 g Zinkpulver und ein kleines Stück Paraffin zugesetzt.

---

[1] R. Miksch bevorzugt das Selenreaktionsgemisch zur Schnellstickstoffbestimmung nach Wieninger (E. Merck).

Aus dem Scheidetrichter läßt man einen Überschuß an Natronlauge zulaufen. Man erhitzt zum Sieden und kocht stetig, bis etwa
300 ml Destillat vorliegen. Sodann werden Kühler und Vorlage
von der übrigen Apparatur weggenommen, wobei der Kühler mit
etwas Wasser ausgespült wird. Das Destillat wird nun mit 0,1 n
Salzsäure titriert.

Man führt einen Blindversuch aus, um das Versuchsergebnis
korrigieren zu können. Der Stickstoffwert ergibt sich dann gemäß

$$\% \text{ N} = \frac{V \cdot 0{,}140}{G} \, ,$$

worin $V$ = korrigiertes Titrationsergebnis mit 0,1 n HCl, in ml,
und $G$ = Gewicht der Probe vor der Extraktion bedeuten.

Unter der Voraussetzung, daß der vorliegende Nitrilkautschuk
26,4% Stickstoff enthält, kann der Gehalt der Probe an solchem
Nitrilkautschuk errechnet werden durch Multiplikation der % N
mit dem Faktor 3,79.

### Literatur


[1] BURGER, V. L., W. E. DONALDSON, u. J. A. BATY: ASTM Bull. **120**,
23 (1943).
[2] KUHN, R., u. F. L'ORSA: Z. angew. Chem. **44**, 847 (1931).
[3] LE BEAU, D. S.: Anal. Chem. **20**, 355 (1948).
[4] WAKE, W. C.: Trans. Inst. Rubber Ind. **21**, 158 (1945).
[5] KEMP, A. R., u. H. PETERS: Ind. Eng. Chem., Anal. Ed. **15**, 453
(1943).
[6] KEMP, A. R.: Ind. Eng. Chem., Anal. Ed. **19**, 531 (1927).
[7] KEMP, A. R., W. S. BISHOP, u. T. J. LACKNER: Ind. Eng. Chem. **20**,
427 (1928).
[8] KEMP, A. R., u. G. S. MUELLER: Ind. Eng. Chem., Anal. Ed. **6**, 52 (1934).
[9] British Ministry of Supply, Admirality, Ministry of Aircraft Pro-
duction, Identification and Estimation of Natural and Synthetic
Rubbers, User's Memorandum U. 9 A, 1947.
[10] GALLOWAY, P. D., u. W. C. WAKE: Analyst **71**, 505 (1946).
[11] KRESS, K. E.: Anal. Chem. **30**, 287 (1958).
[12] BARNES, R. B., V. Z. WILLIAMS, A. R. DAVIS, u. P. GIESECKE: Ind.
Eng. Chem., Anal. Ed. **16**, 9 (1944); p. 757 Fehler korrigiert.
[13] Federal Test Method Std. No. 601, Method 15311 (1955).
[14] HILTON, C. L., J. E. NEWELL, u. J. TOLSMA: Meeting Sept. 11—13,
1957, Div. of Rubber Chem., ACS, New York.
[15] TRYON, M., E. HOROWITZ, u. J. MANDEL: J. Research Natl. Bur.
Standards **55**, 219 (1955).
[16] BENTLEY, F. F., u. G. RAPPAPORT: Anal. Chem. **26**, 1980 (1954).
[17] WURZSCHMITT, B.: Chem.-Ztg. **74**, 356 (1950).
[18] CALDWELL, J. R., and H. V. MOYER: Ind. Eng. Chem., Anal. Ed. **7**,
38 (1935).
[19] PHILLIPS, W. M.: Plastics (London) **12**, 587 (1948).
[20] Anon., Plaste u. Kautsch. **3**, 16 (1956).
[21] CZERWINSKI, W., and J. POHOSKA: Przem. Chem. **11**, 258 (1955).
Rubber Abstracts **34**, 2068 (1956).
[22] WYATT, G. H.: Analyst **69**, 211 und 305 (1944).

### 3. Extraktionen

#### Übersicht

Extraktionen mit Lösungsmitteln werden meistens in einem Soxhlet-Apparat durchgeführt. Außerdem ist, besonders in Amerika und England, eine kleine einfache Rückflußanordnung mit Überlauf in Gebrauch. Für besondere Untersuchungen sind Anordnungen zur kalten Extraktion beschrieben worden [1].

In dem herkömmlichen Acetonextrakt für Naturkautschukmischungen findet man acetonlösliche, im Rohkautschuk ursprünglich vorhandene sowie gegebenenfalls zugemischte natürliche bzw. künstliche Harze, Mineralöl, Paraffin bzw. andere Wachse, freien Schwefel, Beschleuniger und Alterungsschutzmittel, und was immer an acetonlöslichen Substanzen dem Kautschuk beigemischt worden ist, z. B. Weichmacher und/oder Streckmittel. Dies ist der „unkorrigierte Acetonextrakt". Wenn man den Gehalt an freiem Schwefel sowie den an Paraffinkohlenstoffen davon subtrahiert, erhält man den Wert des „korrigierten Acetonextraktes" (ASTM).

Der Aceton-Extrakt war lange die gängige Handhabe, um organische Nichtkohlenwasserstoffanteile vom rohen Kautschuk zu entfernen.* Die Anwendung des Aceton-Extraktes auf synthetische Typen, besonders Buna S, zur Entfernung von Fettsäuren usw. befriedigt nicht, besonders deshalb, weil die Seife in der Probe dazu neigt, Aceton zu polymerisieren [2]. BAKER und HEISS [3] teilten 1943 mit, daß das azeotrope Gemisch von Äthanol und Toluol (70 Volumenanteile Äthanol und 30 Toluol) ein gutes Lösungsmittel für die Nichtkautschukanteile einschließlich Seife darstellt. Das Verfahren fand schnell Verbreitung [4][1]. An Stelle des Soxhletapparates wird ein solcher benutzt, bei dem die Probe direkt im Lösungsmittelkolben extrahiert wird, wodurch der Extraktionsvorgang intensiviert und so die Extraktionszeit herabgesetzt wird. Der %-Wert des Extraktes wird durch Gewichtsverlust der extrahierten Probe nach Entfernung des Lösungsmittels festgestellt.

KOLTHOFF, CARR und CARR [4] empfehlen, 100 Volumenteilen des Äthanol–Toluol-Extraktionsgemisches 10 Volumenteile Wasser zuzufügen. Sie stellten fest, daß die Wasserzugabe auf Ergebnis und Zeit der Extraktion keinen nachteiligen Effekt hat, aber den Vorteil bringt, daß polymere Substanz von niederem Molekulargewicht nicht gelöst wird. Sowohl das Azeotrop-Gemisch wie Ace-

---

* Kapitel 2 in WAKE's Buch (vgl. Fußnote auf S. 2) behandelt ausführlich das Problem der Extraktion von Kautschuk.  [1] Vgl. auch S. 11, [1], sowie S. 58, [9].

ton lösen diese niederen Polymere, deren Anteil in synthetischem Kautschuk 1—3% ausmacht, während sie im Naturkautschuk praktisch nicht zu finden sind. Das offizielle Verfahren von Rubber Reserve [4] arbeitet jedoch mit wasserfreiem Äthanol–Toluol-Gemisch, ausgenommen bei Al-koaguliertem GR-S, wofür dem Azeotropgemisch 5% Wasser zugesetzt werden, um die Aluminiumseifen zu hydrolysieren und die Fettsäuren in den Extrakt zu bekommen.

Bezüglich der Extraktion vulkanisierter Mischungen ist eine neuere Untersuchung von K. E. KRESS von großem Interesse [6]. KRESS hat gezeigt, daß mit einer 75:25 Mischung von Methyläthylketon und denaturiertem Alkohol eine vollständige Extraktion in 30 Minuten möglich ist anstelle des üblichen 16 oder 24stündigen Acetonextrakts. Dabei wird nicht der Extrakt, sondern die Probe gewogen. Anstelle einer Soxhletapparatur wird ein Erlenmeyerkolben und ein Rückflußkühler benutzt und die Probe befindet sich direkt im Extraktionskolben.

Die Probe (etwa 0,1 g) wird zu einem dünnen Fell ausgewalzt und in einem Stück gewogen und mit 20 ml Lösungsmittel extrahiert. Fällt die Probe beim Walzen auseinander, so wird sie in Filterpapier eingewickelt. Nach der Extraktion wird die Probe zwischen saugfähigem Papier ausgedrückt, 15 Minuten bei 110° C getrocknet und nach dem Abkühlen gewogen.

KIDDER [7] beschrieb eine colorimetrische Methode zur Bestimmung der Intensität der Gelbfärbung von rohem Naturkautschuk mittels Extraktion. Eine interessante Untersuchung über Beziehungen zwischen dem inneren Aufbau von Naturkautschuk, bestimmten Eigenschaften desselben und dem Stickstoffgehalt des acetonlöslichen, schwerlöslichen und unlöslichen Anteils wurde von KOLDEHOFE veröffentlicht [8].

Zinkstearat oder andere fettsaure Zinksalze können mittels einem Gemisch bestehend aus Benzol und Äthanol, 2:1, extrahiert werden, welches auch Schwefel löst [9].

Mineral Rubber, als Streckmittel, ist oxydierter Asphalt. Solche Stoffe gehen insbesondere in den Chloroformextrakt. Über die Analyse von Mineral Rubber berichtete SAMUELSSON [10].

Spuren von Zink, Phenothiazin, p-tert-Butylcatechol, einem Kolophoniumharz und des Natriumsalzes von Mononaphthalinsulfonsäure und 2-Anthrachinon Sulfonsäure können in wäßrigen Extrakten von Papieren nachgewiesen werden, welche mit Naturkautschuk, GR-S, Neoprene oder Perbunan imprägniert sind und insbesondere zur Verpackung von Lebensmitteln Verwendung finden [11].

## Acetonextrakt

*Apparatur.* Der Extraktionsapparat soll entweder eine Standard-Apparatur gemäß Abb. 12 mit verchromtem oder Vollglas-kühleraufsatz oder eine Vollglas-Soxhlet-Apparatur sein, die aus einem 250 ml-Extraktionskolben mit Normalschliff NS 29, einem 125 ml Soxhletzwischenstück und einem geeigneten Kühler besteht.

*Arbeitsgang.* Eine dünn ausgewalzte, analytisch genau eingewogene Probe von etwa 2 g wird in ein Stück Filterpapier eingewickelt und in eine Extraktionshülse gesteckt. Filterpapier und Hülse sollen vorextrahiert sein. Die Hülse mit der Probe wird in den Extraktionsapparat gegeben. Man extrahiert mit analysenreinem Aceton gleichmäßig und stetig 16 Stunden lang; Proben, die mehr als 10% Schwefel auf Kautschuk enthalten, müssen länger extrahiertwerden.

Das Lösungsmittel wird nicht ganz vollständig abdestilliert. Den vorher gewogenen Extraktionskolben mit Inhalt trocknet man 2 Stunden lang bei 70°, kühlt ab und wiegt zurück.

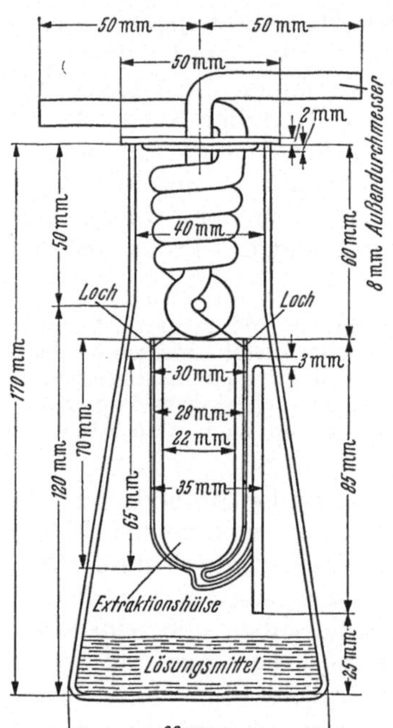


Abb. 12. Standard-Extraktionsapparatur.
Aus B. S. 903

Unvulkanisierte Proben werden in derselben Weise bearbeitet.

*Bemerkung.* Die British Standard B.S. 902 und 903 schreiben vor, daß die Acetonextraktion an einem lichtgeschützten Platz erfolgen soll.

## Aceton-Chloroform-Extrakt (totaler Extrakt)

*Reagentien und Apparatur.* Als Extraktionsmittel dient ein Gemisch aus 32 Volumenteilen Aceton und 68 Volumenteilen Chloroform.

Die Apparatur soll eine der für den „Aceton-Extrakt" beschriebenen sein.

*Arbeitsgang.* Eine ebenso wie für den „Acetonextrakt" vorbereitete Probe wird 16 Stunden lang (bzw. so lange, bis das Lösungsmittel farblos abläuft), gleichmäßig extrahiert.

Das Lösungsmittel wird abdestilliert, der vorher gewogene Kolben mit dem Extrakt 2 Stunden bei 70° getrocknet, abgekühlt und gewogen.

*Bemerkung.* Diese Extraktion wird nur mit Vulkanisaten durchgeführt.

### Chloroform-Extrakt

*Vorbemerkung.* Der Chloroform-Extrakt erfaßt im besonderen einen großen Teil evtl. in der Probe vorhandener bituminöser Substanzen und dient im wesentlichen zur Feststellung deren Anwesenheit.

*Apparatur.* Die benutzte Apparatur soll eine der für den „Aceton-Extrakt" beschriebenen sein.

*Arbeitsgang.* Eine ebenso wie für den „Aceton-Extrakt" vorbereitete Probe wird 4 Stunden lang (bzw. 24 Stunden bei Mischungen, die mehr als 10% Schwefel auf Kautschuk enthalten) gleichmäßig und stetig extrahiert.

Das Lösungsmittel wird abdestilliert, der vorher gewogene Kolben mit dem Extrakt 2 Stunden bei 70° getrocknet, abgekühlt und gewogen.

*Bemerkung a.* Die extrahierte Probe wird für den alkoholischen KOH-Extrakt zurückbehalten.

*Bemerkung b.* Der Chloroform-Extrakt wird nur bei Vulkanisaten durchgeführt.

### Alkoholischer KOH-Extrakt

*Vorbemerkung.* Der alkoholische KOH-Extrakt dient im besonderen zur Feststellung der Anwesenheit von evtl. in der Probe vorliegenden Kautschukstreckmitteln (Faktis).

*Reagenslösung.* 1 n alkoholische Kalilauge.

*Arbeitsgang.* Die mit Chloroform extrahierte Probe wird in einem 200-ml-Erlenmeyerkolben mit genau 50 ml alkoholischer Kalilauge versetzt und mindestens 4 Stunden lang am Rückflußkühler gekocht. Man filtriert in ein 250-ml-Becherglas, wäscht dreimal mit je 25 ml heißem Alkohol und dampft das Filtrat vorsichtig zur Trockne ein. Der Rückstand wird mittels etwa 75 ml destilliertem Wasser in einen Scheidetrichter überführt. Man säuert mit verdünnter Salzsäure an, schüttelt viermal mit je 25 ml Äther aus und extrahiert noch weiter mit Äther für den Fall, daß der vierte Auszug noch nicht farblos war.

Die vereinigten Ätherauszüge werden zweimal mit Wasser gewaschen. Die Ätherlösung wird durch einen Baumwollbausch in einen gewogenen Kolben filtriert. Man wäscht mit Äther nach, dampft ein, trocknet bei 70°, kühlt ab und wiegt.

### Literatur

[1] LINDSLY, C. H.: Ind. Eng. Chem., Anal. Ed. 8, 176 (1936).
[2] BEKKEDAHL, N., u. R. D. STIEHLER: Anal. Chem. 21, 266 (1949).
[3] FULLER, C. S.: Bell Telephone System Techn. J. 25, 351 (1946).
[4] Office of Rubber Reserve, Specifications for Government Synthetic Rubbers, Jan. 1 (1949).
[5] KOLTHOFF, I. M., C. W. CARR, u. B. J. CARR: J. Polymer Sci. 2, 637 (1947).
[6] KRESS, K. E.: Rubber World 134, 709 (1956).
[7] KIDDER, G. A.: Anal. Chem. 26, 311 (1954).
[8] KOLDEHOFE, E.: Kautsch. u. Gummi 9, 248 (1956).
[9] LORENZ, O., u. E. ECHTE: Kautsch. u. Gummi 9, 300 WT (1956).
[10] SAMUELSSON, H.: Sveriges Gummitekniska Foerening; S.G.F. Publn. 5, Stockholm 1953, pp. 5.
[11] MARCALI, K.: Anal. Chem. 29, 1586 (1955).

## 4. Unverseifbare Anteile

*Arbeitsgang (ASTM)*. Der Acetonextrakt einer 2-g-Probe wird mit 50 ml 1 n alkoholischer Kalilauge versetzt und 2 Stunden am Rückfluß gekocht; danach dampft man zur Trockene ein. Der Rückstand wird mittels 100 ml Wasser in einen Scheidetrichter überführt. Man gibt 25 ml Äther zu[1] und schüttelt. Nach dem Absetzen zieht man die wäßrige Schicht ab und extrahiert diese noch zweimal mit Äther. Die vereinigten Ätherauszüge werden zweimal mit Wasser gewaschen (bis das Waschwasser nicht mehr alkalisch reagiert). Die Ätherlösung wird in ein gewogenes Gefäß überführt und das Lösungsmittel abdestilliert. Man trocknet bei 70° C, kühlt ab und wiegt die unverseifbaren Anteile aus.

### Paraffine

*Vorbemerkung*. Mit dieser Methode soll der Anteil an festen Paraffinkohlenwasserstoffen im unverseifbaren Acetonextrakt bestimmt werden. Als solche gelten die Anteile, die in heißem Alkohol löslich und in kaltem Alkohol bei —5° C unlöslich sind (ASTM; British Standards).

*Arbeitsgang*. 1. Die unverseifbare Substanz wird mit 50 ml absolutem Alkohol 30 Minuten lang auf dem Dampfbad erhitzt.

---

[1] Dr. KOLB u. Mitarbeiter fanden, daß mit 50 ml Äther eine bessere Trennung erreicht wird.

Dann kühlt man mittels einer Eis-Kochsalzmischung oder auf ähnliche zweckentsprechende Weise auf —5° C und beläßt die Probe eine Stunde lang bei dieser Temperatur. Die abgeschiedene Paraffinsubstanz wird mittels schwachem Vakuum abfiltriert. Der benutzte Trichter soll von einer Kühlmischung umgeben sein, die eine Temperatur von —5° C oder weniger hat. Man wäscht mit 95—100%igem Alkohol von —5° C. Das Filtrat wird für die Bestimmung von Mineralöl reserviert.

2. Die Paraffinkohlenwasserstoffe des Rückstandes werden mit heißem Chloroform gelöst und in ein gewogenes Becherglas überführt. Man dampft ein, trocknet zunächst an der Luft und dann bei 100°, kühlt und wiegt aus.

### Mineralöl

*Vorbemerkung.* Mit dieser Methode wird der Betrag an Mineralöl, der in den Acetonextrakt geht, bestimmt. Erfaßt werden gesättigte Kohlenwasserstoffe, die bei —5° in Alkohol löslich, und die in Tetrachlorkohlenstoff löslich sind und von konzentrierter Schwefelsäure nicht angegriffen werden.

*Arbeitsgang.* Das Filtrat mit dem alkohollöslichen unverseifbaren Material wird eingedampft, möglichst mit Hilfe eines Luftstromes, um Sieden zu verhindern. Dann gibt man 25 ml Tetrachlorkohlenstoff zu, überführt in einen Scheidetrichter, schüttelt mit Schwefelsäure (1,84), zieht die gefärbte Säure ab und wiederholt diesen Vorgang, bis die Säure farblos bleibt. Man gibt Wasser zu und genügend Äther, um die organische Phase über die wäßrige zu bekommen und wäscht wiederholt mit Wasser aus, bis keine Säure mehr da ist (Methylrot). Die Äther-Tetrachlorkohlenstoffschicht wird in ein gewogenes Gefäß überführt und auf dem Dampfbad das Lösungsmittel abgedampft. Mittels eines stetigen Stromes gefilterter Luft wird Sieden verhindert. Die Dampfbadbehandlung wird unmittelbar vor dem Verschwinden der letzten Spuren von Lösungsmittel beendet und der Luftstrom weitere 10 Minuten aufrecht erhalten. Man trocknet im Luftbad bei 100°, kühlt und wiegt aus als Mineralöl.

*Verseifung nach Hahn.* HAHN [1] entdeckte, daß KOH gelöst in einer Mischung von Glykolmonoäthyläther und Xylol ein ideales Verseifungsreagens ist.

30 g KOH werden in 20 ml Wasser gelöst und je 500 ml Glykolmonoäthyläther und Xylol zugegeben. Die so bereitete Lösung wird nach 2 Tagen vom abgeschiedenen Carbonat abfiltriert und ist dann gebrauchsfertig. Täglich wird ein Blindversuch gemacht.

Die Verseifung wird in offenen Gefäßen auf dem Wasserbad ausgeführt. 10 Minuten genügen gewöhnlich zur völligen Verseifung.

**Literatur**

[1] HAHN, F. L.: Anal. Chim. Acta 4, 577 (1950).

## 5. Stickstoff

Die Bestimmung von Stickstoff in Naturkautschuk dient zur Ermittlung des Gehalts an Eiweiß[1].

Die Bestimmung von Acrylonitril-Stickstoff wird gesondert behandelt (s. S. 87).

TRISTRAM [1] studierte das Kjeldahl-Verfahren im einzelnen. Mit einer Kombination von Makro- und Mikroverfahren können noch 0,05 mg Stickstoff mit guter Genauigkeit ermittelt werden. Als Katalysator dient ein Gemisch von Natriumsulfat, Kupfersulfat und Natriumselenat.

COLE und PARKS [2] entwickelten ein Halbmikro-Kjeldahl-Verfahren zur Stickstoffbestimmung im Kontroll-Labor, wo schnell gearbeitet werden muß. Die Methode erfaßt nicht Stickstoff in N–N- oder N–O-Gliedern; sie ist speziell geeignet für Nitrilkautschuk. Proben von 15—50 mg werden benutzt. Als Katalysator wird ein Gemisch von Natriumsulfat, Selen und Quecksilberoxyd vorgeschlagen.

KOLTHOFF und SANDELL [3] destillieren den Ammoniak in Borsäurelösung und titrieren gegen einen Mischindikator von Bromcresolgrün und Methylrot.

KOCH [4] nimmt beim Aufschluß Perchlorsäure zu Hilfe und stellt dabei keine Stickstoffverluste fest.

### Qualitative Bestimmung von Eiweiß (ASTM)

Eine Probe der zu analysierenden Mischung wird mit Aceton und Chloroform 8 Stunden lang extrahiert (s. S. 93). Die Probe wird getrocknet und 1 Stunde lang mit heißem Wasser behandelt. Man filtriert, kühlt ab, fügt einige Tropfen frischbereitete 2%ige Tanninsäurelösung zu und läßt einige Minuten stehen. Eine deutliche Trübung deutet auf die Anwesenheit von Eiweiß hin.

### Quantitative Bestimmung von Stickstoff (ASTM)

Eine 2-g-Probe wird 8 Stunden lang mit Aceton extrahiert. Man trocknet und gibt die Probe in einen 750-ml-Kjeldahlkolben. Nach Zugabe von 25—30 ml Schwefelsäure (1,84), 10—12 g Natrium-

---

[1] Vgl. auch S. 81 in WAKE's Buch (s. Fußnote S. 2).

sulfat und etwa 1 g Kupfersulfat wird mäßig erhitzt, bis das anfängliche Schäumen nachläßt. Dann wird weiter erhitzt bis eben zum Sieden.

Wenn die Lösung klar ist, läßt man abkühlen, verdünnt vorsichtig mit 150 ml Wasser und kühlt wiederum ab. Dann gibt man 100 ml 50%ige Natronlauge vorsichtig in den Kolben, so, daß nicht sofort direkte Vermischung mit der sauren Lösung stattfindet. Man fügt etwa 1 g granuliertes Zink zu und ein Stückchen Paraffin, um zu starkes Schäumen zu verhindern.

Der Kolben wird schnell mit einem Kühler in Verbindung gebracht (eine Brücke mit Spritzfänger sollte verwendet werden); die Verlängerung des Kühlers führt in einen 500-ml-Erlenmeyerkolben, der 50 ml 1 n Schwefelsäure und etwa 50 ml Wasser enthält.

Man schwenkt den Kjeldahlkolben einmal vorsichtig um, um den Inhalt zu vermischen und beginnt mäßig zu erhitzen; die Flamme wird vergrößert, wenn die Gefahr des Schäumens vorbei ist. Man bringt zum stetigen Kochen, bis die Hälfte der Flüssigkeit überdestilliert ist.

Nach Zugabe von Methylrot-Indikatorlösung wird der Säureüberschuß mit 0,1 n Natronlauge titriert.

Ein Blindversuch mit den verwendeten Reagentien soll durchgeführt werden.

Die Ermittlung des Resultates erfolgt gemäß

$$\% \text{ Stickstoff} = \frac{V \cdot 0,140}{W},$$

worin $V$ = korrigiertes Titrationsergebnis mit 0,1 n Natronlauge (Schwefelsäure — Natronlauge) in ml, und $W$ = Gewicht der Probe in g bedeuten. % Eiweiß = % Stickstoff · 6,5.

### Literatur

[1] TRISTRAM, G. R.: Trans. Inst. Rubber Ind. 16, 261 (1941).
[2] COLE, J. O., u. C. R. PARKS: Ind. Eng. Chem., Anal. Ed. 18, 61 (1946).
[3] KOLTHOFF, I. M., u. E. B. SANDELL: Textbook of Quantitative Inorganic Analysis, p. 564, New York: Macmillan Co. 1945.
[4] KOCH, F. J.: Z. anal. Chem. 131, 426 (1950).

## 6. Beschleuniger und Alterungsschutzmittel

### Übersicht

Eine größere Anzahl organischer Verbindungen, welche in saure und basische unterteilt werden können, sind als Vulkanisationsbeschleuniger in Gebrauch (Thiazole, Carbamate, Thiurame, Guanidine, Thioharnstoffe). Als Alterungsschutzmittel werden in

Gummimischungen verschiedene aromatische und alicyclische Amine sowie einige Phenolderivate benutzt.

Oftmals werden sehr geringe Mengen verschiedener Beschleuniger und Alterungsschutzmittel verwendet, was empfindliche Nachweismethoden erfordert. Es ist auch bekannt, daß manche Beschleuniger sich während der Vulkanisation und/oder während der Extraktion umsetzen, was ihre Auffindung kompliziert gestalten kann. Weiterhin ist zu bedenken, daß ein organischer Lösungsmittelextrakt einer Gummimischung meist eine Vielzahl von Substanzen enthält, insbesondere Harze und Weichmacher verschiedener Art.

Seit längerem waren eine Reihe von Farb- und Fällungsreaktionen insbesondere mit Metallsalzen bekannt, die sich für die Identifizierung einer Anzahl von Vulkanisationsbeschleunigern eignen. Beispiele sind in Tab. 17 und 18 angegeben.

Tabelle 17. *Farbreaktionen einiger Beschleuniger mit Metalloleaten* (nach BELLAMY, LAWRIE und PRESS [6])

| Reagens (benzol. Lösung) | Thiuram | Mercapto-benzothiazol | Zinkdiäthyl-dithiocarbamat | Diphenyl-guanidin |
|---|---|---|---|---|
| Kupferoleat . | gelbgrün nach Stehen | gelber Niederschlag | gelblich braun | |
| Cobaltoleat . | | tiefgrün | sehr stark grün | tief purpur |
| Nickeloleat . | | rotbraun | gelblichgrün | |
| Bleioleat . . | | gelbe Fällung | gelblichgrün | |
| Uranoleat. . | | gelbe Fällung | orangegelb | blaßgelb |
| Eisenoleat . | | gelbe Fällung | rotbraun | blaßgelb |

Oleate von Mangan, Chrom und Quecksilber gaben keine Färbung

Tabelle 18. *Farbreaktionen einiger Beschleuniger mit Metallsalzen in alkoholisch-benzolischer Lösung* (nach BELLAMY, LAWRIE und PRESS [6])

| Reagens (alkohol.-benzol. Lösung) | Thiuram | Mercapto-benzothiazol | Zinkdiäthyl-dithiocarbamat | Diphenyl-guanidin |
|---|---|---|---|---|
| Cobaltchlorid . . . . | tiefgrün nach Stehen | grün | intensiv grün | tiefblau |
| Uranylnitrat . . . . | | | orangegelb | |
| Nickelchlorid . . . . | | | grün | |
| Kupferbutylphthalat . | braun nach Stehen | blaßgelb | dunkelbraun | |

Die Tatsache, daß die Beschleuniger und Alterungsschutzmittel sich in saure und basische Substanzen unterteilen lassen, erlaubt von Anfang an eine Trennung, gleichgültig welche Nachweismethode danach benutzt wird.

Wenn man z. B. einen Acetonextrakt mit verdünnter Salzsäure behandelt, so kann man basische Beschleuniger und Alterungsschutzmittel, welche wasserlösliche Chloride bilden, erfassen, ohne daß Weichmacher und Harze stören. Letztere können abfiltriert und das Filtrat eingeengt werden. Bei Zugabe von 5 ml gesättigter Pikrinsäurelösung zu einem Teil des eingeengten Filtrats, entsteht in Gegenwart von Diphenylguanidin eine Fällung [1—3].

Andererseits kann man den Acetonextrakt mit wäßrigem Ammoniak behandeln und auf diese Weise saure Beschleuniger in Lösung bringen. Ein solcher Ammoniakauszug ist fast immer braun oder gelb gefärbt und ziemlich trübe. Man kühlt ab und fällt durch Zugabe von verdünnter Strontiumchloridlösung die Fettsäuren aus; der entstehende Niederschlag absorbiert alle anderen kolloidal verteilten Substanzen und man erhält ohne Schwierigkeit ein klares Filtrat. Bei Zugabe von beispielsweise wäßriger Kupfersulfatlösung und kurzem Aufkochen, entsteht in Gegenwart von Mercaptobenzothiazol ein gelber Niederschlag.

KULBERG und BLOKH [4] haben eine ähnliche Arbeitsweise zum Nachweis von Mercaptobenzothiazol beschrieben.

Einige Stückchen der Gummimischung werden mit wenigen Tropfen 1%iger Natronlauge behandelt. Man filtriert und versetzt das Filtrat mit zwei Tropfen Alkohol. Nach Zugabe von zwei Tropfen 10%iger Salpetersäure und 2—3 Tropfen 2 n Wismutnitratlösung tritt bei positiver Reaktion eine Gelbfärbung auf.

Zum Nachweis von Diphenylguanidin hat BURMISTROV einen Test vorgeschlagen, wobei der Beschleuniger durch seine Basizität angezeigt wird [5].

Etwas von dem Benzol- oder Ätherextrakt der zu prüfenden Mischung wird auf ein vorher mit Phenolphthaleinlösung benetztes Filterpapier aufgetragen. Nach Verdunsten des Lösungsmittels reagiert der Indikator basisch.

Für den Nachweis von Tetramethylthiuramdisulfid gibt BURMISTROV verschiedene Reaktionen an [5].

Die interessanteste beruht auf der Überführung von Thiuram in Thiocyanat durch Erwärmen des trockenen Extraktes mit Harnstoff. Die Schmelze wird grün. Nach dem Abkühlen gibt man etwas Wasser zu, erwärmt, kühlt wieder ab, säuert mit HCl an und setzt einen Tropfen Eisen(111)chloridlösung zu. Bei positiver Reaktion tritt eine Rotfärbung auf.

Nachdem BELLAMY, LAWRIE und PRESS [6] über den Nachweis von Beschleunigern durch Chromatographie auf einer Absorptionssäule von Aluminiumoxyd berichtet hatten, haben eine Anzahl von Autoren diese Arbeitsweise für weitere Untersuchungen benutzt. PARKER und BERRIMAN [7] haben gezeigt, daß die häufig benutzten Beschleuniger und Alterungsschutzmittel auf Silica-Gel-Säulen getrennt und nachgewiesen werden können. Diese Autoren geben auch eine Übersicht über die Kenntnis von Nachweismethoden für Beschleuniger bis 1952. Ferner wird die Frage der möglichen Zersetzung von Beschleunigern während der Extraktion besprochen. Tetramethylthiuramdisulfid ging in einem Falle z. B. völlig verloren. In einem anderen Falle passierte das gleiche mit dem Monosulfid. Die Beobachtung anderer, daß Thiuramsulfide während der Vulkanisation in Dithiocarbamate umgesetzt werden, wird bestätigt.

MORRISON und SHEPHERD [8] berichten, daß Thiuramsulfide während der Vulkanisation in die entsprechenden Zink-Dialkyldithiocarbamate umgewandelt werden. Auf dieser Voraussetzung begründen die Autoren den von ihnen vorgeschlagenen Thiuramnachweis, der darauf beruht, daß im Chloroformextrakt der zu untersuchenden Mischung durch Zugabe von Kupferoleat der bekannte braune Kupferdialkyldithiocarbamat-Komplex hergestellt und aus seinem Auftreten die ursprüngliche Anwesenheit von Thiuram abgeleitet wird. Um in Zweifelsfällen nachzuhelfen, soll man vor der Reagenszugabe mit gesättigter Natriumsulfitlösung schütteln, um alles Thiuram zu reduzieren.

Die Identifizierung von Hexamethylentetramin gelingt vorzüglich mittels der früher von FOWLER [9] für die Latexanalyse beschriebenen Arbeitsweise. Das durch Kochen mit Säure entstehende Aldehyd wird mit Fuchsinsulfitlösung (Schiffs-Reagens) versetzt; die entstehende Rotfärbung zeigt Hexamethylentetramin an.

*Reagenslösung.* 0,5 g Fuchsin und 9,0 g Natriumbisulfit werden in 500 ml Wasser gelöst. Dann gibt man 10 ml Salzsäure (1,16) zu und bewahrt in gut verschlossener brauner Flasche auf.

Anwendung. Einige Stückchen der zu analysierenden Mischung (2—3 g) werden gut mit Wasser ausgekocht, welchem einige Tropfen verdünnte Säure zugegeben wurden.

Eine Probe dieses Auszuges wird mit Fuchsinsulfitlösung versetzt. Man läßt 10—15 Minuten stehen. Eine intensiv karminrote Färbung, die lange stabil ist, gilt als positive Reaktion.

Sehr geringe Mengen Hexamethylentetramin können mit dieser Reaktion in komplizierten Vulkanisaten oder deren Extrakten nachgewiesen werden.

BAUMINGER und POULTON [10] beschrieben eine quantitative colorimetrische Bestimmung von Mercaptobenzothiazol in Gummimischungen mittels der rotbraunen Färbung, welche durch Reaktion des Alkalisalzes mit Nickelchlorid erhalten wird. Die gefundene Menge ist häufig sehr verschieden von der ursprünglich vorhandenen. Als Ursachen werden angegeben Adsorption des

Beschleunigers an Ruß, chemische Umwandlung während der Vulkanisation und die Gegenwart anderer Beschleuniger, z. B. solche, die sich während der Vulkanisation in MBT umsetzen.

SCHEELE und GENSCH [11] berichten über eine quantitative Bestimmung von Thiuramdisulfid durch Überführung in das Monosulfid mittels KCN. Das Monosulfid verursacht eine dunkelbraune Fällung bei Zugabe von Kupfersulfat in alkalischer Lösung. Außerdem wird eine Titration von Thiuramdisulfid mit Jod nach Umsetzung mit Dodecylmercaptan beschrieben. In einer Arbeit über den Verbrauch von Schwefel und Dithiocarbamaten im Verlauf der Vulkanisation, titrieren SCHEELE und BIRGHAN [12] Zinkdiäthyldithiocarbamat acidimetrisch. SCHEELE und GENSCH [13] hatten in einem früheren Artikel die Möglichkeiten konduktometrischer Titrationen einer Reihe von Beschleunigern besprochen. Anwendungen auf die Analyse von Vulkanisaten waren nicht angegeben.

IIJIMA und EGUCHI [14] beschrieben eine quantitative colorimetrische Bestimmung von Thiuramdisulfid mittels der braunvioletten Farbe, welche mit diesem Beschleuniger in Gegenwart von Natriumsulfit und Kupfersulfat erhalten wird.

Einen wesentlichen Beitrag haben HILTON und NEWELL geleistet [15], indem sie ein Verfahren beschrieben, welches die Unterscheidung von Dithiocarbamaten und Thiuramdisulfid in Vulkanisaten gestattet. Dithiocarbamate geben eine braune Färbung bei Zugabe von Kupfersulfat zum Acetonextrakt. Die Dithiocarbamate werden zersetzt durch Erhitzen in Alkohol unter Zugabe von Phosphorsäure. Nach Neutralisation wird durch Reduktion mit Natriumbisulfit Thiuramdisulfid in Dithiocarbamat verwandelt und mittels Kupfersulfat nachgewiesen.

In diesem Zusammenhang ist ein von STAHL und SIGGIA [16] mitgeteiltes Verfahren von Interesse, mit dem organische Disulfide mittels Natriumborhydrid in Gegenwart von Aluminiumchlorid zum Merkaptan reduziert und letzteres mit Silbernitrat titriert wird.

KRESS und MEES [17] extrahierten die zu untersuchende Gummiprobe entweder mit verdünnter Säure oder alkalischer Lösung und identifizieren die Beschleuniger UV-spektrophotometrisch. Die Autoren behaupten daß die Methode schneller, empfindlicher und genauer als chromatographische Verfahren sei.

BROCK und LOUTH [18] bedienen sich der Zersetzbarkeit der Beschleuniger durch Mischen, Vulkanisation oder während der Extraktion mit einem Gemisch von Äthylalkohol und 1 n Salzsäure. Die Spaltprodukte werden mittels Destillation oder Ausschütteln isoliert und UV-spektroskopisch nachgewiesen als Thiazole, Amine, Guanidine oder Schwefelkohlenstoff. Letzteres wird durch einen Xanthat-Test nachgewiesen. Alterungsschutzmittel werden in unveränderter Form erhalten und durch UV-Absorption oder mittels bekannter Farbreaktionen identifiziert.

HIVELY u. a. [*19*] identifizieren Beschleuniger chromatographisch auf Aluminiumoxydsäulen. Trennungen und Identifizierung durch Schmelzpunktbestimmung oder UV-spektroskopisch werden beschrieben.

BUSCAROUS und CAPITAN beschrieben eine Titration von MBT und DPG und von Gemischen von MBT und MBTS [*20*].

MOCKER[1] beschrieb ein Verfahren zur polarographischen Schnellbestimmung von Beschleunigern und Alterungsschutzmitteln in Masterbatches.

Ein chromatographisches Verfahren zur Bestimmung von Beschleunigern und Alterungsschutzmitteln wurde von HAMAZAKI[*21*] besprochen. Cobaltoleat dient als Reagens und UV-Licht wird zuhilfe genommen.

BUCHFIELD und JUDY [*22*] berichten über eine Reihe von Nachweisreaktionen für Alterungsschutzmittel. Die Autoren haben diese Nachweise in Extrakten von Vulkanisaten durchführen können.

Folgende Reaktionen werden benutzt:

I. Oxydation der Arylamine zu farbigen Reaktionsprodukten mit Amylnitrit in Gegenwart von wasserfreiem Zinn (IV)-chlorid in benzolischer Lösung.

*Reagentien:* Zinnchloridlösung: 14,7 ml rauchendes Zinn-(IV)-chlorid wird in 250 ml (Gesamtvolumen) Benzol gelöst. Amylnitritlösung: 5%ige benzolische Lösung.

*Anwendung:* Zu 5 ml einer benzolischen Lösung des Analysenmaterials gibt man 1 ml Zinnchloridlösung und 3 Tropfen Amylnitritlösung.

II. Reaktion des Alterungsschutzmittels mit Benzotrichlorid in Gegenwart von Zinnchlorid. Auf diese Weise werden speziell Diaryl-amino-Keton-Kondensationsprodukte identifiziert.

*Reagentien:* Zinnchloridlösung, wie unter I beschrieben.

*Anwendung:* Zu 5 ml einer Lösung des Analysenmaterials in Äthylendichlorid gibt man 1 ml Zinnchloridlösung und 2 Tropfen Benzotrichlorid. Die Farbe entwickelt sich in einigen Sekunden.

III. Kupplung der Arylamine mit Diazoniumsalzen zu Azofarbstoffen. Als zweckmäßigstes Kupplungsreagens wurde p-Nitrobenzoldiazoniumchlorid befunden.

*Reagentien:* p-Nitroanilinlösung: 1,0 g p-Nitroanilin wird in einer Mischung von 26 ml Salzsäure (1.16) und 25 ml Wasser gelöst

---

[1] Kautschuk u. Gummi **11**, WT 281 (1958); **12**, WT 155 (1959); **12**, WT 190 (1959).

und auf 100 ml mit Wasser aufgefüllt. Natriumnitritlösung: 2,5%ige wäßrige Lösung.

*Anwendung:* 5 ml Natriumnitritlösung werden mit 25 ml p-Nitroanilinlösung gemischt und 15 Minuten stehen gelassen. 3 Tropfen dieser Reagenslösung werden der verdünnten Acetonlösung des Analysenmaterials zugegeben. Die Farbe entsteht sofort. Es soll nur frisch bereitetes Reagens verwendet werden.

IV. N,N'-Diphenyl-p-phenylendiamin wird durch Benzoylperoxyd quantitativ zu Chinondianil oxydiert. Arylsubstituiertes p-Phenylendiamin gibt auf diese Weise eine intensive orangegelbe Farbe. Nach Zugabe von Zinnchlorid vertieft sich die Farbe bei manchen Antioxydanten der fraglichen Gruppe zu Rotviolett oder Blau.

*Reagentien.* 5 g Benzoylperoxyd werden in einem Gemisch von 10 ml Eisessig und 40 ml Benzol gelöst.

*Anwendung.* Zu 5 ml der benzolischen Analysenlösung gibt man 3 Tropfen Benzoylperoxydlösung und beachtet die innerhalb einer Minute entwickelte Farbe. Dann gibt man 1 ml Zinnchloridlösung zu und beachtet die Änderung der Farbe.

V. Anilin bildet mit p-Phenylendiamin in wäßriger Eisen-(III)-chloridlösung bekanntlich einen grünen Indaminfarbstoff. Wenn eine mit Wasser verdünnte Acetonlösung eines Alterungsschutzmittels mit p-Phenylendiamin und Eisen-(III)-chloridlösung versetzt wird, entsteht eine charakteristische Farbe.

*Reagentien.* Eisen(III)-chloridlösung: 10 g $FeCl_3 \cdot 6\,H_2O$ werden in einer Mischung von 10 ml Salzsäure (1,16) und 90 ml Wasser gelöst. p-Phenylendiaminlösung: Frisch bereitete 1%ige Lösung in Aceton.

*Anwendung.* 5 ml Acetonlösung des Analysenmaterials werden mit 5 Tropfen p-Phenylendiaminlösung versetzt. Nach Zugabe von 10 ml Wasser und 3 Tropfen Eisen-(III)-chloridlösung entsteht innerhalb einiger Minuten die charakteristische Farbe.

BUCHFIELD und JUDY [22] sagen, der Wert dieser Reaktionen sei 1. die Möglichkeit sagen zu können, ob ein Amin-Alterungsschutzmittel in einer gegebenen Mischung vorliegt oder nicht, und 2. die Möglichkeit der Bestimmung der allgemeinen Klasse, welcher das vorliegende Alterungsschutzmittel angehört.

In Vanderbilt News [23] wurden drei Tüpfelreaktionen zusammengestellt, die eine Unterscheidung zwischen oft benutzten Alterungsschutzmitteln erlauben[1].

*Reagentien:*
No. 1. conc. $H_2SO_4$, conc. $HNO_3$, 1:1
No. 2. Liebermann's Reagens: 0,73 g $NaNO_2$ in 50 g conc. $H_2SO_4$ verdünnt mit dem gleichen Gewichtsanteil Wasser.

---

[1] Die Originalarbeit enthält weitere Reaktionen.

No. 3. 5%iges Benzoyloxyd in Benzol.

*Tüpfelreaktionen:*

Phenyl-$\beta$-naphtylamin
{ 1. rotbraun
2. grün
3. farblos mit purpurnem Rand

Aldol-$\alpha$-naphthylamin
{ 1. tief blau
2. blaß grün mit blauem Rand
3. beige, trocknet braun

Sym. di-beta-naphtyl-p-phenylendiamin
{ 1. tief violett
2. tief blau
3. rot-orange

KAWAGUCHI u. a. [24] benutzen Papierchromatographie zur Bestimmung von Alterungsschutzmitteln in Acetonextrakten. Als Reagens dient diazotiertes o-Toluidin. MORITA [25] benutzt Farbreaktionen mit Benzoylperoxyd in benzolischer Lösung, und konzentrierte Mineralsäuren. MENSIK und BRONLICK bestimmen Phenyl-$\beta$-naphthylamin quantitativ colorimetrisch in Acetonextrakten von Butadien–Styrol-Mischpolymerisaten durch Kupplung mit diazotiertem p-Nitroanilin [26].

Abb. 13. Rundfilter-Chromatographie zwischen zwei Deckeln von Petrischalen [1]

WADELIN [27] weist Phenolderivate in Extrakten von rohem GR-S mit Hilfe von UV-Absorption nach.

Sowohl MIKSCH und PROELSS, wie ZIJP [28—31] veröffentlichten Systeme zur Identifizierung aller wichtigen Beschleuniger und Alterungsschutzmittel mit Hilfe von Papierchromatographie.

Beide Autoren beginnen mit einer Trennung in saure und basische Substanzen, wobei MIKSCH Flußsäure bzw. Natriummethylat und ZIJP Salzsäure bzw. Ammoniaklösung verwendet.

---

[1] Photos für die Abb. 13, 14 u. 15 von FRANK GODDARD, The General Tire & Rubber Co., Akron, Ohio.

WEBER [*32*] beschrieb eine Anordnung mit Rundfiltern zum chromatographieren einiger Beschleuniger.

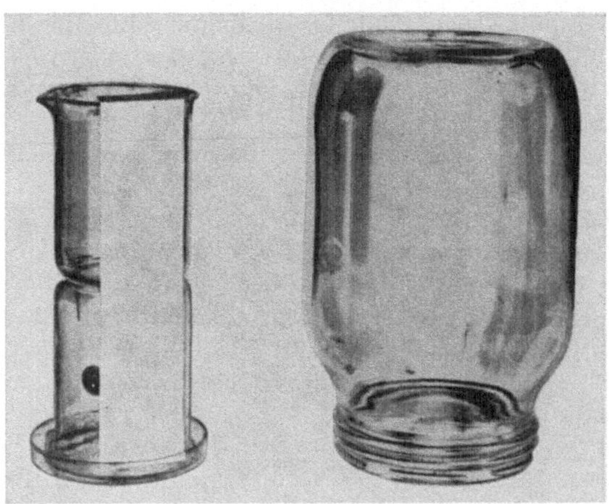

Abb. 14. Streifen-Chromatographie, aufsteigende Anordnung
Trennflüssigkeit in der Petrischale. Die Anordnung wird mit
dem Einmachglas eingeschlossen

Über die Grundlagen der Papierchromatographie gibt es einige Bücher [*33, 34*]. MIKSCH gibt in einer Arbeit eine gute Zusammenfassung dieser Gundlagen.

Es wird ein aus zwei Komponenten bestehendes Flüssigkeitsgemisch benutzt, welches Trennflüssigkeit genannt wird. Die eine Komponente (gewöhnlich Wasser) hat eine starke Affinität zur Cellulose des Papiers und wirkt als „stationäre Phase". Die andere Komponente ist ein mehr oder weniger gutes Lösungsmittel für die zu trennenden Substanzen und wandert auf Grund kapillarer Kräfte. Sie wird „bewegliche Phase" genannt.

Der Vorgang des Chromatographierens muß in einer geschlossenen Vorrichtung, gleich welcher Art, erfolgen, da gemäß der Theorie die umgebende Atmosphäre von der Trenn-

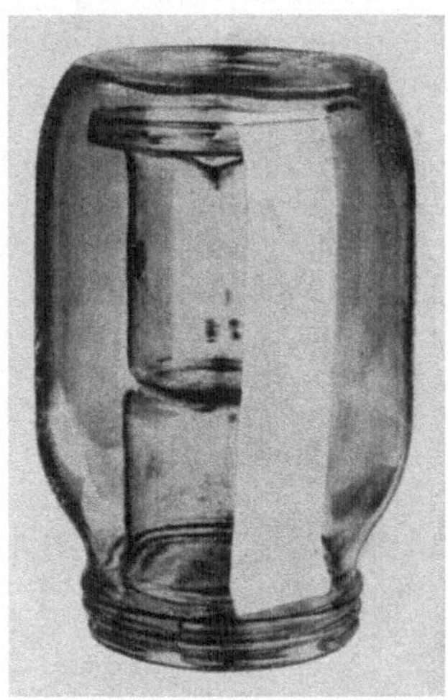

Abb. 15. Streifen-Chromatographie,
absteigende Anordnung

flüssigkeit gesättigt sein muß. Der Vorgang des Herauslösens der Substanz aus der stationären Phase, des Weitertransportes in der Laufrichtung und der Wiedergabe an die stationäre Phase vollzieht sich unzählige Male. Je löslicher eine Substanz in der mobilen Phase ist, desto schneller und weiter wird sie mitgenommen, während Stoffe, die in der mobilen Phase unlöslich sind, nicht wandern.

Ein Maß für die Wanderungsgeschwindigkeit der einzelnen Substanzen ist der RF-Wert.

Man versteht unter dem RF-Wert das Verhältnis der Wanderungsstrecke der Substanz zu der Wanderungsstrecke der Trennflüssigkeit, wobei man bei der Chromatographie auf Papierstreifen immer von einer Linie ausgeht, der sogenannten Startlinie. Bei der Rundfilter-Chromatographie wird in der Mitte des Filterpapiers mit einem Durchmesser von etwa 15 mm der Startfleck aufgetragen.

Die von MIKSCH sowie die von ZIJP entwickelten Arbeitsweisen sind einfach auszuführen und erfordern keine teuren Instrumente.

Über den Einfluß der Papiersorte bei der Papierchromatographie berichtete SCHRÖDER [35].

HLAVNICKA und TURECKOVA [36] benutzten Aluminiumoxydsäulen um Alterungsschutzmittel abzutrennen und Papierchromatographie zu deren Identifizierung.

Als stationäre Phase dient Petroleum und als bewegliche Phase ein Gemisch von Alkohol, Wasser und Ammoniak. Zur Entwicklung wird diazotierte Sulfanilsäure bzw. diazotiertes p-Nitroanilin benutzt.

Die Anwendung von Papierchromatographie zur Bestimmung von Alterungsschutzmitteln des Phenoltypes wurde von KUBOTA und KUROI vorgeschlagen [37]. Die Trennung wurde mit einem Gemisch von Aceton, Methanol und Wasser im Verhältnis 2:1:3 (Volumen) erreicht.

PARKER [38] leistete einen weiteren Beitrag in einer Arbeit über die Anwendung von Säulenchromatographie zur Bestimmung von Beschleunigern und Alterungsschutzmitteln.

MIKSCH und PRÖLSS [29] berichteten über die Erkennung und Trennung von Alterungsschutzmitteln mittels Papierchromatographie. ZIJP [31] benutzt azetyliertes Filterpapier zur Trennung von Alterungsschutzmitteln. Der Effekt verschiedener diazotierter Arylaminsulfonsäuren auf den RF-Wert der Kupplungsprodukte mit Arylaminen wurde untersucht. Quantitative Bestimmungen über den Weg der papierchromatographischen Trennung wurden von ZIJP mitgeteilt [39].

Tabelle 19. *Einige Vulkanisationsbeschleuniger und Alterungsschutzmittel*[1]

| Handelsname, Abkürzung | Chemische Bezeichnung | Analyse |
|---|---|---|
| Vulkacit 1000, OTBG<br>Vulkacit D, DPG<br>DOTG<br>TPG<br>Vulkacit 576 | ortho-Tolylbiguanid<br>Diphenylguanidin<br>Di-o-tolylguanidin<br>Triphenylguanidin<br>Äthylpropylacrolein-<br>p-toluidin | Im Säureextrakt, neutralisiert, Nachweis mit $NaOCl$ oder $KBiJ_4$ |
| Vulkacit CA<br>A 22 | Diphenylthioharnstoff<br>Di-o-tolylthioharnstoff | Überführung in DPG bzw. DOTG mittels $NH_4OH$ und PbO. Nachweis dann wie für Guanidine |
| NA–22<br>2-MT<br>MB (Alterungsschutz-<br>mittel)<br>Vulkacit Mercapto<br>Captax, MBT<br>Vulkacit DM,<br>MBTS, Altax | 2-Merkaptoimidazolin<br>2-Merkaptothiazolin<br>2-Merkaptobenz-<br>imidazol<br>2-Merkaptobenzothia-<br>zol<br>2-Merkaptobenzo-<br>thiazyldisulfid | Im alkalischen oder ammoniakalischen Extrakt. Nachweis mit $CuSO_4$ oder $BiONO_3$ oder Cobaltoleat |
| Santocure<br>Vulkacit CZ<br>Vulkacit AZ<br><br>Vulkacit BZ | N-Cyclohexylbenzo-<br>thiazyl-2-sulfenamid<br>N-Diäthylbenzo-<br>thiazyl-2-sulfenamid<br>N-Pentamethylbenzo-<br>thiazyl-2-sulfenamid | Cyclohexylamin im Säureextrakt.<br>MBT im basischen Extrakt.<br>Diäthylamin im Säureextrakt, MBT im basischen Extrakt.<br>Piperidin im Säureextrakt, MBT im basischen Extrakt.<br>Nachweis der Amine<br>1) mit Ninhydrin<br>2) mit $CS_2$ und $CuSO_4$ |
| Vulkacit L<br><br>Vulkacit LDA<br><br>Vulkacit P extra N | Zink-dimethyl-dithio-<br>carbamat<br>Zink-diäthyl-dithio-<br>carbamat<br>Zink-äthylphenyl-di-<br>thiocarbamat | Extrakt gelöst in Benzol oder Aceton plus Cu-Oleat; Braunfärbung;<br>Alkalischer oder $NH_4OH$-Extrakt plus $CuSO_4$ und $CHCl_3$; Braunfärbung |

---

[1] Eine sehr gute Quelle für handelsübliche Beschleuniger und Alterungsschutzmittel ist „Gummichemikalien" von J. VAN ALPHEN, Stuttgart: Berliner Union GmbH., 1956; außerdem die Arbeiten von ZIJP und MIKSCH.

Tabelle 19 (Fortsetzung)

| Handelsname, Abkürzung | Chemische Bezeichnung | Analyse |
|---|---|---|
| Vulkacit Thiuram, TMT | Tetramethylthiuram-disulfid | Teilweise Umwandlung zu Dithiocarbamat während Verarbeitung. Reduktion des alkalischen oder $NH_4OH$-Extrakts mit $Na_2SO_3$, Zugabe von $CuSO_4$, $CHCl_3$; Braunfärbung |
| Vulkacit Thiuram MS | Tetramethylthiuram-monosulfid | |
| Vulkacit J | Dimethyldiphenyl-thiuramdisulfid | |
| Alterungsschutz-mittel[1] PBN | Phenyl-$\beta$-naphthyl-amin | Im alkoholischen Säureextrakt. Nachweis durch Kupplung mit diazotierter Sulfanilsäure, Benzidin oder p-Nitroanilin |
| Aldol | Aldol-$\alpha$-naphthylamin | |
| 4010 | N-Phenyl-N'cyclo-hexyl-p-phenylen-diamin | |
| DNP Agerite White | Di-$\beta$-naphthyl-p-phenylendiamin | |
| Calco 425 | 2,2'Methylen-bis-4-äthyl-6-tert-butyl-phenol | Im alkoholischen basischen Extrakt. Kupplung mit diazotierter Sulfanilsäure in saurer Lösung, dann alkalisch gemacht. (MIKSCH) oder mit Tollen's oder Millen's Reagens (ZIJP, s. Seite 118). |
| Calco 2246 | 2,2'Methylen-bis-4-methyl-6-tert-butyl-phenol | |
| Age Rite Alba | Hydrochinonmono-benzyläther | |
| DOD | 4,4 Dihydroxybiphenyl | |

## Nachweis von Beschleunigern und Alterungsschutzmitteln

*Bemerkungen.* Die handelsüblichen Vulkanisationsbeschleuniger und Alterungsschutzmittel können in basische und saure Substanzen unterteilt werden. Aufgrund dieser Tatsache läßt sich von vornherein eine Trennung durchführen, indem man einen sauren und einen basischen Extrakt bereitet, entweder direkt von der Gummiprobe oder von deren Acetonextrakt. Es ist aber zu berücksichtigen, daß manche sauren Beschleuniger auch zum Teil in einem sauren Extrakt erscheinen. Ferner ist zu bedenken, daß die Dithiocarbamate oftmals während der Vulkanisation und/oder während der Extraktion zerfallen, wobei die entstehenden Amine manchmal nachgewiesen werden können. Thiuramsulfide werden häufig zu Dithiocarbamaten reduziert. Von den Zerfalls-

[1] Siehe Anm. S. 107.

produkten der N-alkylbenzothiazylsulfenamide lassen sich eventuell die entsprechenden sekundären Amine nachweisen. Manche Beschleunigernachweise lassen sich in der Lösung des Acetonextraktes in einem organischen Lösungsmittel (Benzol, Aceton, Alkohol) durchführen. Sowohl die basischen wie die sauren Alterungsschutzmittel identifiziert man vorteilhaft in wäßrig-alkoholischen Extrakten, die in kurzer Zeit direkt von der Probe erhalten werden.

## I. Extraktionen

**1. Acetonextrakt.** Extrahiere 3 bis 5 g der dünn ausgewalzten Probe für mindestens vier Stunden mit Aceton. Trockne den Extrakt mit Sorgfalt.

a) Saure Anteile, Acetonextrakt. Versetze den Acetonextrakt mit 10 ml etwa 4n wäßriger Ammoniaklösung und erhitze zum Sieden. Kühle zu Zimmertemperatur und füge 2 ml 5%ige Strontiumchloridlösung zu. Kühle zu 15° C, schüttele um und filtriere. Enge ein auf etwa 5 ml.

b) Basische Anteile, Acetonextrakt. Versetze den Acetonextrakt mit 10 ml etwa 2n Salzsäure, erhitze zum Sieden, kühle zu Zimmertemperatur und filtriere. Enge ein auf etwa 5 ml.

c) Nicht-wäßrige Lösung. Löse den Acetonextrakt in 5 ml eines Gemisches von Benzol und Alkohol, 1:1.

**2. Saure Anteile, direkt von der Probe.** Versetze 2 bis 3 g der fein zerkleinerten Probe in einem 100 ml-Erlenmeyerkolben mit 10 ml eines Gemisches bestehend aus 1n NaOH, wäßrig, und Alkohol, 1:3 (Volumen). Erhitze zum Sieden und lasse 30 Minuten bei gelegentlichem Umschütteln stehen. Gieße die erhaltene Lösung ab.

**3. Basische Anteile, direkt von der Probe.** Versetze 2 bis 3 g der fein zerkleinerten Probe in einem 100 ml-Erlenmeyerkolben mit 10 ml eines Gemisches bestehend aus 1n HCl, wäßrig, und Alkohol, 1:3 (Volumen). Erhitze zum Sieden und lasse 30 Minuten bei gelegentlichem Umschütteln stehen. Gieße die erhaltene Lösung ab.

## II. Einige Nachweisreaktionen
### A. Beschleuniger

In den basischen Auszügen und in dem neutralen Benzol-Alkohol-Auszug des Acetonextraktes kann unmittelbar geprüft werden auf Dithiocarbamate, Thiuramsulfid bzw. -disulfid, sowie Thiazole bzw. deren Derivate.

**1. Dithiocarbamat.** Versetze 3 ml des zu prüfenden Auszuges mit einem Tropfen 10%iger Ammoniaklösung und drei Tropfen zweiprozentiger Kupfersulfatlösung, füge 1 ml Chloroform zu und schüttele kräftig. Wenn die Chloroformphase dunkelbraun gefärbt ist, liegt Dithiocarbamat vor.

**2. Thiuram.** Versetze 1—3 ml des zu prüfenden Auszuges mit einem Tropfen 10%iger Natronlauge und 0,5 ml 10%iger Natriumsulfitlösung. Erhitze zum Sieden. Kühle und neutralisiere mit verdünnter Salzsäure. Mache ammoniakalisch, füge drei Tropfen zweiprozentiger Kupfersulfatlösung und 1 ml Chloroform zu und schüttele kräftig. Wenn die Chloroformphase dunkelbraun gefärbt ist, liegt Thiuram vor.

**3. Thiazole.** Neutralisiere den Auszug mit verdünnter Salzsäure und mache schwach sauer ($p_H$ 5). Füge 2 ml Aceton und drei Tropfen einer 2%igen wässrigen Kupfersulfatlösung zu und lasse 15 Minuten stehen. In Gegenwart von Beschleunigern der Thiazolgruppe entstehen gelbe oder grünliche kristalline Niederschläge. In den sauren Auszügen kann unmittelbar auf Guanidine geprüft werden.

**4. Guanidine.** Neutralisiere den salzsauren Extrakt mit NaOH und mache eben alkalisch. Füge 1 ml Wasser, 3 bis 4 Tropfen etwa 10%iger NaOCl-Lösung und 1 ml Chloroform zu und schüttele. In Gegenwart von DPG ist die Chloroformschicht leuchtend orange gefärbt, in Gegenwart von DOTG rostbraun.

## B. Alterungsschutzmittel

Benutze die alkoholisch-wäßrigen Extrakte direkt von der Probe. Manche Alterungsschutzmittel sind Säure-Base-Indikatoren, so daß die Extrakte gefärbt sein können.

Je 2 ml der Extrakte werden mit 2 Tropfen diazotierter p-Nitroanilinlösung versetzt, welche gemäß Seite 102 bereitet worden ist. Es treten charakteristische Färbungen auf. Die folgenden Beobachtungen sind bei der Analyse von Naturkautschuk-Vulkanisaten gemacht worden.

## III. Papierchromatographische Trennung und Identifizierung

*Bemerkungen.* Die verschiedenen Extrakte können zur papierchromatographischen Trennung der Beschleuniger und Alterungsschutzmittel benutzt werden. Dieses Verfahren beginnt damit, daß ein kleiner Tropfen der Analysenlösung nahe dem einen Ende eines etwa 50 cm langen und 4—8 cm breiten Filterpapierstreifens oder in die Mitte eines Rundfilters von 10 cm Durchmesser auf-

Tabelle 20. *Farbreaktionen einiger Alterungsschutzmittel mit diazotiertem p-Nitroanilin*

| Alterungs-schutzmittel* | alkohol. NaOH-Extrakt | | alkohol. HCl-Extrakt | |
| --- | --- | --- | --- | --- |
| | nach Extraktion | nach Reagens-zugabe | nach Extraktion | nach Reagens-zugabe |
| PBN | blaß gelbl. | tief weinrot Trübung | blaß gelbl. | tief weinrot Trübung |
| Aldol-α-naphthyl-amin | blaß gelbl. | leuchtend hellrot | orange | leuchtend hellrot |
| DNP | rot | hell rot-braun | grün | grüne Farbe zerstört, bräunl. Trübung |
| 4010 | orange | orangerot | blau | kupferrot |
| 425 | blaß gelbl. | tief dunkle Färbung, tief weinrot nach Um-schütteln | blaß gelbl. | altgold |
| Agerite Alba | blaß gelbl. | orange | blaß gelbl. | blaß gelbl. |
| 2246 | blaß gelbl. | tief dunkle Färbung, verschwin-det bei Um-schütteln, orange | blaß gelbl. | hell bräunl. Trübung |

* Vgl. Handelsnamen und chemische Bezeichnung auf S. 107.

gebracht und angetrocknet wird. Dieser Vorgang wird mehrmals wiederholt, um eine genügende Menge Analysensubstanz auf dem Startfleck, welcher angezeichnet wird, zu konzentrieren. Daraus wird verständlich, daß es vorteilhaft ist, wenn die zu analysierende Lösung schnell verdunstet (ätherische Lösungen, oder in Chloro-form oder Aceton)[1].

Fernerhin ist zu bedenken, daß bei der chromatographischen Trennung mit einem Rundfilter die Konzentration der nachzuwei-senden Substanz rasch abnimmt, wenn dieselbe eine gewisse Strecke wandert. Bei der Streifenmethode hingegen verändert sich die Konzentration kaum, da die Substanz sich nur in einer Richtung bewegt. Beide Verfahren sind einfach durchzuführen.

---

[1] Man kann zu diesem Zweck einen basischen wäßrigen Extrakt an-säuern, mit 5 ml Äther oder Chloroform ausschütteln und die erhaltene Äther- bzw. Chloroformlösung auf 1 ml einengen. Entsprechend kann man einen sauren wäßrigen Auszug alkalisch machen und mit Äther oder Chloroform ausschütteln.

Wenn auch besondere Einrichtungen erhältlich sind, so kommt man doch bei Anwendung der Streifenmethode sehr gut aus mit Hilfe von einfachen Glasgeräten, und über die ganze Anordnung stülpt man einfach ein Einmachglas. Bei der Anwendung von Rundfiltern kommt man aus mit zwei Deckeln oder zwei Böden von Petrischalen (Abb. 12).

In weiterer Ausführung des Verfahrens wird das dem Startfleck nächstgelegene Ende des Papierstreifens bzw. der eingeschnittene Streifen oder Docht des Rundfilters in die Trennflüssigkeit eingetaucht, welche meistens aus einem oder mehreren organischen Lösungsmitteln und Wasser besteht, so daß das Lösungsmittel über den „Fleck" hinwegläuft und weiter zum anderen Ende des Streifens hin. Heute wird allgemein die Auffassung vertreten, daß Papierchromatographie auf einer Kombination von Trennung, Adsorption und Ionenaustausch beruht [33][1].

Im Falle der Trennung von Vulkanisationsbeschleunigern und Alterungsschutzmitteln muß das Chromatogramm sichtbar gemacht werden, indem man durch Aufsprühen oder Auftupfen geeigneter Reagentien auf dem Papier Farbreaktionen herbeiführt. Das Ergebnis der chromatographischen Trennung wird ausgedrückt als sogenannter RF-Wert, worunter man das Verhältnis der Wanderungsstrecke der Substanz zu der Wanderungsstrecke der Trennflüssigkeit („Front") versteht. Man kann nur RF-Werte miteinander vergleichen, welche unter Benutzung derselben Trennflüssigkeit und derselben Papiersorte erhalten worden sind.

*Trennung von basischen Beschleunigern (Miksch [28])*

5 ml der benzolischen Lösung des Acetonextraktes werden in einem Gefäß aus Polyäthylen mit 0,5 ml 30%iger Fluorwasserstoffsäure geschüttelt. Die Benzolschicht wird abgetrennt und die Fluorwasserstoffsäurelösung mit einem Magnesiastäbchen auf die Mitte eines entsprechend vorbereiteten Rundfilters aufgebracht und angetrocknet. Als Trennflüssigkeit dient ein Gemisch aus 87 Butylalkohol, 1 Fluorwasserstoffsäure, 30%ig, 12 Wasser[2].

Der Nachweis erfolgt durch Betupfen mit 1%iger $KBiJ_4$-Lösung mit $HNO_3$ angesäuert. In einem anderen Versuch wird das Blatt betupft mit einer 0,1%igen Bromphenolblau-Lösung

---

[1] Weitere grundsätzliche Aussagen und Regeln über Papierchromatographie sind in den ersten Seiten des Buches von BLOCK u. a. [33] zu finden.

[2] MIKSCH beschrieb eine von ihm entwickelte Anordnung [28], wobei ein Uhrglas, eine Kapillare und ein Exsiccatordeckel, mit einer Glasplatte bedeckt, benutzt werden. Beim Arbeiten mit Fluorwasserstoffsäure muß dieselbe in einer Polyäthylenflasche aufbewahrt sowie das die Trennflüssigkeit enthaltende Uhrglas mit Polyäthylenfolie ausgelegt werden.

in Methanol. Die Entwicklung kann außerdem vorgenommen werden mit einer 1%igen Ammoniumvanadatlösung in 5%iger Schwefelsäure.

| Substanz | Färbung | RF-Wert |
|---|---|---|
| DPG | { blau mit Bromphenolblau <br> { orangerot mit $KBiJ_4$ | 0,58; 0,76 |
| OTBG | blau mit Bromphenolblau | 0,52 |
| Vulkacit 576 | orangerot mit $NH_4VO_3$ | 0,43 |

*Trennung von Guanidinen* (*Zijp* [*30*])

Behandele Acetonextrakt mit 2n HCl in der Wärme, filtriere, dampfe ein, nicht ganz zur Trockne, neutralisiere mit $NH_4OH$, dampfe ein und löse in Aceton. Trage einige Tropfen dieser Lösung auf einen Streifen Whatman-Papier No. 1 nahe des unteren Randes auf, welches vorbehandelt sein kann mit einer $p_H$ 4-Pufferlösung. Es wird die aufsteigende Anordnung benutzt. Butylalkohol gesättigt mit Wasser dient als bewegliche Phase. Die Entwicklung erfolgt durch Aufsprühen einer 4%igen NaOCl-Lösung.

| Substanz | Färbung | RF-Wert |
|---|---|---|
| OTBG | gelb | 0,35 |
| DPG | rotbraun | 0,64 |
| DOTG | rotbraun | 0,73 |
| TPG | gelb-braun | 0,85 |

Diphenylthioharnstoff (Vulkacit CAO und Di-o-tolylthioharnstoff (A 22). Füge 15 ml 4n $NH_4OH$ zu dem nahezu trockenen Acetonextrakt, dampfe ein, füge 15 ml Aceton und einen Überschuß von PbO zu, schüttele, filtriere und dampfe ein. Löse mit 2n HCl und fahre fort wie in der oben für Guanidine beschriebenen Weise.

*Trennung der Thiazolgruppe* (*Miksch* [*28*])

5 ml der benzolischen Lösung des Acetonextraktes werden getrocknet und mit 1 ml Natriummethylatlösung (5 bis 10%ig) vermischt. Einige Tropfen der erhaltenen Lösung werden auf ein Rundfilterblatt von 10 cm Durchmesser, Schleicher & Schuell No. 2043, aufgetragen und angetrocknet. Man hält das Filterblatt einen Moment über Wasserdampf. Als Trennflüssigkeit dient ein Gemisch bestehend aus 45 Isopropylalkohol, 10 $NH_4OH$, 25%ig, 45 Chlorbenzol. Die Entwicklung erfolgt durch Betupfen mit 0,1%iger wäßriger Kupfersulfatlösung und in einem anderen Ver-

such mit 0,1%iger $BiONO_3$-Lösung in salpetersaurem Wasser. Die Strecken werden gemessen vom Rand des Startflecks.

| Substanz | RF-Wert |
|---|---|
| MBT | 0,41 |
| MB | 0,76 |

### *Trennung der Thiazolgruppe (Zijp [30])*

Der Acetonextrakt wird mit $NH_4OH$ behandelt wie auf Seite 109 unter 1a) beschrieben. Das Filtrat wird nahezu eingedampft, mittels verdünnter Salzsäure neutralisiert und eingedampft. Man löst in Aceton (möglichst wenig) und trägt auf einen Filterpapierstreifen auf. Man benutzt die absteigende Anordnung und mit Wasser gesättigten Butylalkohol als bewegliche Phase. Man kann auch mit einer $p_H$ 10-Pufferlösung vorbehandeltes Papier anwenden. Die Entwicklung erfolgt durch Besprühen mit einer 5%igen salpetersauren $BiONO_3$-Lösung. UV-Licht (366 m$\mu$) hilft bei der Erkennung sehr geringer Mengen. Die Färbungen sind gelb.

| Substanz | RF-Wert ohne Vorbehandlung | RF-Wert gepuffert, pH-10 |
|---|---|---|
| NA 22 | 0,56 | 0,54 |
| 2-MT | 0,76 | 0,78 |
| MB | 0,85 | 0,86 |
| MBT | 0,91 | 0,54 |

### *Trennung sekundärer Amine (Zijp [30])*

Sekundäre Amine erscheinen als Spaltprodukte von Dithiocarbamatbeschleunigern insbesondere im Säureextrakt, welcher erhalten wird wie auf Seite 113 für die Trennung von Guanidinen beschrieben. Der Extrakt wird filtriert, vorsichtig eingedampft und mit wenig Wasser aufgenommen. Einige Tropfen dieser Lösung werden in geeigneter Weise nahe des unteren Randes eines Filterpapierstreifens aufgebracht. Aufsteigende Anordnung. Trennflüssigkeit: Butylalkohol gesättigt mit 0,5n HCl.

Die Entwicklung erfolgt mittels eines Gemisches von 50 ml Äthylalkohol, 50 ml Schwefelkohlenstoff und 2 ml Triäthylamin. Diese Behandlung verwandelt die sekundären Amine zu den entsprechenden Thiocarbamaten. Sodann wird eine 2%ige wäßrige Kupfersulfatlösung aufgesprüht.

Fernerhin kann das Chromatogramm entwickelt werden mittels einer Lösung bestehend aus 100 ml Äthylalkohol, 0,2 g Ninhydrin,

2 ml Eisessig, 0,5 g Cadiumacetat. Rosafarbene bis violette Flecke werden sichtbar bei positiver Reaktion.

| Substanz | RF-Wert |
| --- | --- |
| Dimethylamin | 0,12 |
| Diäthylamin | 0,31 |
| Piperidin | 0,29 |
| Cyclohexylamin | 0,51 |

### Trennung sekundärer Amine (Miksch [28])

Ein Säureextrakt wird bereitet wie auf Seite 113 für die Trennung von Guanidinen beschrieben. Anordnung und Trennflüssigkeit wie dort beschrieben. Die Entwicklung erfolgt mit einer 0,1%igen Lösung von Ninhydrin in Butylalkohol welcher 10% Eisessig enthält. In einem anderen Versuch wird entwickelt mit 0,1%iger Bromphenolblaulösung in Methanol. Das mit Ninhydrin betupfte Blatt wird einige Zeit auf 80—100° C erwärmt. Das mit Bromphenolblau behandelte Blatt wird auf etwa 120° C erwärmt und gedämpft.

Aromatische Amine werden sichtbar wenn das Blatt mit Diazobenzolsulfonsäure behandelt und HCl-Dämpfen ausgesetzt wird.

| Substanz | RF-Wert |
| --- | --- |
| Dimethylamin | 0,19 |
| Diäthylamin | 0,23 |
| Piperidin | 0,25 |
| Cyclohexylamin | 0,44 |

Während der Vulkanisation kann Zink-methylphenyldithiocarbamat entstehen aus Dimethyldiphenylthiuramdisulfid (Vulkacit J). Das Dithiocarbamat spaltet bei saurer Hydrolyse das entsprechende sekundäre Amin ab, in obigem Falle N-Methylanilin und im Falle von Zink-äthylphenyldithiocarbamat (Vulkacit P extra N) N-Äthylanilin.

Diese aromatischen Amine erscheinen im wäßrigen Säureextrakt und können charakterisiert werden durch farbige Kupplungsprodukte, welche erhalten werden durch Behandlung mit diazotierter Sulfanilsäure (Zijp [30]) oder mit Diazobenzolsulfonsäure (Miksch [28]).

Die Unterscheidung von Dithiocarbamaten und Thiuramdisulfid kann nach Hilton und Newell [15] wie folgt erreicht werden:

Ein Teil des auf 10 ml eingeengten Acetonextrakts wird mit einigen Tropfen 2%iger Kupfersulfatlösung versetzt. Bei Gegenwart von Dithiocarbamat tritt eine tiefbraune Färbung auf.

Zu dem Rest des Extrakts fügt man einige Tropfen Phosphorsäure zu und kocht. Dies zerstört Dithiocarbamate und treibt Schwefelkohlenstoff aus. Man neutralisiert mit 20%iger Natronlauge und reduziert mittels Natriumbisulfit. Man dampft vorsichtig ein und unterteilt in zwei Portionen. Zu einem Teil fügt man einige Tropfen $NH_4OH$, etwas Ammoniumcitrat und 1 ml Chloroform. Dies ist eine Blindprobe zum Farbvergleich. Mit dem anderen Teil verfährt man genau so und setzt dann zwei Tropfen 2%ige Kupfersulfatlösung zu und schüttelt um. Wenn Thiuram ursprünglich zugegen war, ist die Chloroformschicht dunkelbraun gefärbt.

*Trennung von Alterungsschutzmitteln (Miksch [29])*

**1. Amine.** 1 bis 2 g der fein zerkleinerten Probe werden im Reagensglas mit 2 ml einer 0,1%igen Lösung von Diazobenzolsulfonsäure in 25%iger Essigsäure übergossen und eine Stunde lang stehen gelassen. Man schüttelt gelegentlich um.

*Herstellung von Diazobenzolsulfonsäure.* Nach CRAMER [34] werden 25 g Sulfanilsäure unter eventuellem Erwärmen in 125 cm 10%iger Kalilauge gelöst und nach dem Abkühlen 100 cm einer 10%igen Natriumnitrit-Lösung zugegeben. Diese Lösung wird dann langsam in eine eisgekühlte Mischung von 80 cm konz. Salzsäure und 40 cm Wasser eingetropft. Die dabei ausgefallene DBS wird abgesaugt, mit Eiswasser, eisgekühltem Alkohol und Äther nachgewaschen und vorsichtig an der Luft getrocknet. Das trockene Präparat verpufft beim Berühren mit einer Flamme heftig. Die Aufbewahrung erfolgt deshalb am besten an einem geschützten Ort in kleinen Portionen in Reagenzgläsern verteilt, die mit Sand bedeckt werden. Auf diese Weise ist DBS bei Zimmertemperatur mehrere Monate haltbar.

Einige Tropfen der Analysenlösung werden auf ein Rundfilterblatt aufgebracht, getrocknet und für einen Moment über Wasserdampf und anschließend über eine offene Ammoniakflasche gehalten. Man chromatographiert unter Benutzung einer Trennflüssigkeit folgender Zusammensetzung:

<table>
<tr><td>52 Isopropylalkohol</td><td>10 Wasser</td></tr>
<tr><td>5 Ammoniak, 25%ig</td><td>33 Chlorbenzol</td></tr>
</table>

(Volumenteile). Nach entsprechender Laufzeit wird das Chromatogramm getrocknet und mit Salzsäuredämpfen angeblasen.
Nachfolgend sind einige typische Ergebnisse (s. S. 117).

Durch die Anwesenheit von Kationen (Ca, Mg, Zn) können die RF-Werte beeinträchtigt werden. Um dies zu verhindern, fügt man der gefärbten Lösung etwa 1 g Lewatit S 100)[1] der Korngröße 0,3 bis 0,5 mm zu und läßt fünf Minuten stehen.

| Substanz | Färbung | RF-Wert |
|---|---|---|
| PBN | gelb | 0,85 |
| Aldol H | rotviolett | 0,58 |
| | schwach rotviolett | 0,75 |
| | schwach rotviolett | 0,91 |
| 4010 | braunviolette Corona | 0,10—0,40 |
| DNP* | schwach orange | 0,16 |
| | schwach orange | 0,39 |

* schwer bestimmbar.

**2. Phenolderivate.** 1 bis 2 g der fein zerkleinerten Substanz
werden mit 2 ml eines Gemisches bestehend aus gleichen Teilen
0,1n NaOH und Äthylalkohol fünf Minuten lang zum schwachen
Sieden erhitzt. Man gießt die Lösung ab, kühlt auf etwa 10° C
und fügt 2 bis 5 mg Diazobenzolsulfonsäure in fester Form zu.
Nach einer Stunde wird chromatographiert wie vorher beschrieben.
Die beobachteten RF-Werte und Färbungen sind wie folgt[2]:

| Substanz | Färbung | RF-Wert |
|---|---|---|
| 2246 | schwach orange | 0,34 |
| | orange | 0,73 |
| | gelb | 0,89 |
| Age Rite Alba | graublau | 0,36 |
| | rosa | 0,46 |
| | orange | 0,78 |

*Trennung von Alterungsschutzmitteln (Zijp [31])*

**1. Arylamine.** 5 g der fein zerkleinerten Probe werden 8 Stunden lang im Soxhlet mit Aceton extrahiert. Der getrocknete Extrakt wird mit 5 ml 96%igem Äthylalkohol versetzt und zum Sieden erhitzt. Man läßt abkühlen und filtriert. Die Lösung wird
eingeengt und auf einen Streifen Whatmanpapier No. 1, welches
vorher vollständig acetyliert worden ist, aufgetragen.

Die Acetylierung wird wie folgt durchgeführt. 15 Streifen
14×56 cm Whatmanpapier werden lose zusammengerollt und in
einem 2 l-Weithalskolben mit Eisessig bedeckt. Nach vier Stunden
gießt man ab und füllt den Kolben mit einem Gemisch bestehend

---

[1] Erzeugnis der Farbenfabriken Bayer A.G.
[2] Die Arbeit von MIKSCH und PROELSS [29] enthält RF-Werte von
zahlreichen weiteren Alterungsschutzmitteln.

aus 350 ml Essigsäureanhydrid, 435 ml Eisessig, 100 ml Toluol und 0,8 ml 70%ige Perchlorsäure. Diese Mischung soll auf 10° C gekühlt und die Temperatur im Kolben unter 20° C gehalten werden. Während der ersten drei Stunden soll ab und zu umgeschwenkt werden. Am folgenden Tag gießt man die Flüssigkeit ab, spült das Papier 3 bis 4 Stunden in fließendem Wasser, läßt an der Luft trocknen und trocknet schließlich nach bei 100° C für 10 Minuten. Das erhaltene Produkt ist wasserabweisend und hat eine Verseifungszahl unter 570. Es besitzt nach wie vor seine Faserstruktur.

Als Trennflüssigkeit wird ein Gemisch bestehend aus Benzol und Alkohol, 1:1, verwendet, und es wird die aufsteigende Anordnung benutzt.

Zur Entwicklung der Chromatogramme dient eine 4%ige Lösung von Benzoylperoxyd in Benzol. Die erhaltenen Färbungen und RF-Werte sind wie folgt:

| Substanz | Färbung | RF-Wert |
|---|---|---|
| PAN | hellgelb | 0,64 |
| PBN | blaugrau | 0,64 |
| 4010 | gelb | 0,73 |
| DNP | rosa | 0,55 |

**2. Phenolderivate.** 5 g der fein zerkleinerten Probe werden 8 Stunden lang im Soxhlet mit Aceton extrahiert. Der getrocknete Extrakt wird in etwa 5 ml Alkohol gelöst, mit 3 Tropfen 2%iger Strontiumchloridlösung und 3 Tropfen 4n Ammoniaklösung versetzt und filtriert. Das Filtrat wird eingeengt und in zweckentsprechender Weise auf einen Streifen acetylierten Filterpapiers aufgetragen. Man bereitet zwei Chromatogramme mittels der aufsteigenden Anordnung. Als Trennflüssigkeit dient ein Gemisch bestehend aus Methanol, Isopropylalkohol und Wasser im Verhältnis 3:3:2. Die Entwicklung erfolgt durch Aufsprühen von je einem der beiden folgenden Reagenslösungen:

a) *Tollen's Reagens.* 2 Tropfen 2n NaOH werden zu 0,5 ml 5% $AgNO_3$ zugegeben. Der Niederschlag wird mit der kleinstmöglichen Menge von 2% $NH_4OH$ gelöst und das ganze mit 96%igem Äthylalkohol auf doppeltes Volumen gebracht. Dieses Reagens schwärzt die Chromatogramme von Phenolderivaten.

b) *Millen's Reagens.* Ein Gewichtsteil Quecksilber wird in einem gleichen Gewichtsteil rauchender Salpetersäure gelöst und verdünnt mit zwei Teilen Wasser und zwei Teilen 96%igem Alkohol. Dieses Reagens verursacht zitronengelbe Färbungen im Kontakt mit den Chromatogrammen von Phenolderivaten. Die beobachteten Färbungen und RF-Werte sind unten aufgeführt[1].

|              | (I)  | (II) |
|--------------|------|------|
| 2246         | 0,66 | 0,55 |
| Agerite Alba | 0,66 | 0,28 |

### Literatur


[1] WISTINGHAUSEN, L. V.: Kautschuk 5, 57 (1929).

[2] HUMPHREY, B. J.: Ind. Eng. Chem., Anal. Ed. 8, 153 (1936).

[3] FAINER, P., u. J. L. MYERS: Anal. Chem. 24, 515 (1952).

[4] KUL'BERG, L. M., u. G. A. BLOKH: Zavodskaya Lab. 14, 278 (1948).

[5] BURMISTROV, S. I.: Zavodskaya Lab. 14, 787 (1948); Ibid. 15, 1039 (1949).

[6] BELLAMY, L. J., J. H. LAWRIE, u. E. W. S. PRESS: Trans. Inst. Rubber Ind. 22, 308 (1947); Ibid. 23, 15 (1947).

[7] PARKER, C. A., u. J. M. BERRIMAN: Trans. Inst. Rubber Ind. 28, 279 (1952).

[8] MORRISON, G. D., u. T. SHEPHERD: Trans. Inst. Rubber Ind. 22, 189 (1946).

[9] FOWLER, D. E.: Ind. Eng. Chem., Anal. Ed. 9, 63 (1937).

[10] BAUMINGER, B. B., u. F. C. J. POULTON: Trans. Inst. Rubber Ind. 29, 100 (1953).

[11] SCHEELE, W., u. C. GENSCH: Kautsch. u. Gummi 7, WT 122 (1954); Ibid. 8, WT 55 (1955).

[12] SCHEELE, W., u. K. BIRGHAN: Kautsch. u. Gummi 10, WT 214 (1957).

[13] SCHEELE, W., u. C. GENSCH: Kautsch. u. Gummi 6, WT 147 (1953).

[14] IIJIMA, T., and T. EGUCHI: Chem. Abstracts 51, 8586 (1957).

[15] HILTON, C. L., u. J. E. NEWELL: Anal. Chem. 25, 530 (1953).

[16] STAHL, C. R., u. S. SIGGIA: Anal. Chem. 29, 154 (1957).

[17] KRESS, K. E., u. F. G. STEVENS MEES: Anal. Chem. 27, 528 (1955).

[18] BROOK, M. J., u. G. D. LOUTH: Analyt. Chemistry 27, 1575 (1955).

[19] HIVELY, R. A., J. O. COLE, C. R. PARKS, J. E. FIELD, u. R. FINK: Anal. Chem. 26, 435 (1954).

[20] BUSCARONS, F., and F. CAPITAN: Industria y quimica 14, 18, 61, 104, 109, 151 (1952).

[21] HAMAZAKI, F.: J. Soc. Rubber Ind. Japan 23, 302 (1950).

[22] BUCHFIELD, H. P., u. J. N. JUDY: Ind. Eng. Chem., Anal. Ed. 19, 786 (1947).

[23] Anon., Vanderbilt News, 22, No. 4, 44 (1956).

[24] KAWAGUCHI, T., K. NEDA, u. A. KOGA: J. Soc. Rubber Ind. Japan, 27, 68 (1954); Chem. Abstracts 49, 10651 (1955).

[25] MORITA, EIICHI: J. Soc. Rubber Ind. Japan, 26, 259 (1953); Chem. Abstracts 48, 9737 (1954).

[26] MENSIK, P., and D. BRONLIK: Chem. Prumysl 5, 212 (1955); Chem. Abstracts 50, 4542 (1956).

[27] WADELIN, C. W.: Anal. Chem. 28, 1530 (1956).

[28] MIKSCH, R., u. L. PROELSS: Kautsch. u. Gummi 11, WT 91 (1958).

[29] MIKSCH, R., u. L. PROELSS: Ibid. 11, WT 133 (1958).


---

[1] Die Arbeit von ZIJP [31] enthält RF-Werte etc. über weitere Alterungsschutzmittel.

[*30*] ZIJP, J. W. H.: Rec. Trav. Chim. **75**, 1053, 1060, 1083 (1956).
[*31*] ZIJP, J. W. H.: Rec. Trav. Chim. **75**, 1129 (1956).
[*32*] WEBER, K.: Plaste u. Kautsch. **1**, 38 (1954).
[*33*] BLOCK, R. J., R. LeSTRANGE, u. G. ZWEIG: ,,Paper Chromatography".
New York: Academic Press Inc. 1952.
[*34*] CRAMER, F.: ,,Papierchromatographie". Weinheim: Verlag Chemie,
1952.
[*35*] SCHROEDER, K. H.: Chemiker Ztg. **81**, 558 (1957).
[*36*] HLAVNICKA, J., and E. TURECKOVA: Plaste u. Kautschuk **4**, 224 (1957).
[*37*] KUBOTA, T., and T. KUROI: Nippon Gomu Kyôkaishi **29**, 779 (1956).
Chem. Abstracts **51**, 17217 (1957).
[*38*] PARKER, C. A.: Royal Inst. Chem. J. **81**, 674 (1957).
[*39*] ZIJP, J. W. H.: Rec. Trav. Chim. **76**, 313 (1957).

# D. Verschiedenes

## 1. Identifizierung roher Kautschukproben

Bei der heute im Handel befindlichen Anzahl von synthetischen Kautschukarten besteht ein Bedarf an einfachen Nachweismethoden zur Identifizierung des Rohmaterials.

Der Weber-Farbtest für Naturkautschuk wurde verschiedentlich diskutiert [*1, 2*][1]; STERN [*2*] empfiehlt folgende Arbeitsweise:

Eine Probe von 0,2 g läßt man über Nacht in einem Reagensglas mit etwa 3 ml Tetrachlorkohlenstoff stehen. Am nächsten Tag wird die Lösung vom Rückstand abgegossen und einige Tropfen Brom zugegeben. Dann wird etwa 1 g Phenol zugefügt und der Tetrachlorkohlenstoff durch Erwärmen im Wasserbad entfernt. Darauf wird das Bad zum Sieden erhitzt; der Inhalt des Reagensglases schmilzt und die entstehende Farbe wird notiert. Sodann wird die Schmelze in verschiedene Lösungsmittel eingegossen und die Farbe beobachtet. STERN [*2*] beschreibt seine Beobachtungen dabei.

Die beschriebene Arbeitsweise stammt von KIRCHHOF [*3*]. STERN führte den Weber-Farbtest versuchsweise noch etwas anders aus und hatte gute Ergebnisse. 0,05 g fein zerschnittenes Probematerial wurde im Reagensglas mit etwa 0,05 ml Brom versetzt. Im Wasserbad wurde etwa 30 Sekunden lang erwärmt, dann 1 g Phenol zugefügt und die Erwärmung fortgesetzt. Die Ergebnisse sind in Tab. 19 angegeben.

Tabelle 21. *Modifizierter Weber-Farbtest mit verschiedenen Kautschuktypen*

| | |
|---|---|
| Naturkautschuk . . | violett |
| Hycar OR . . . . | quillt stark, gelblich |
| Perbunan. . . . . | hellrot |
| Neoprene G . . . . | rötlich gelb |
| GR–S . . . . . . | bräunlich |

STERN [*2*] beschreibt den Lassaigne-Test zur Unterscheidung von Thiokol, Chloropren und Perbunan.

---

[1] Vgl. S. 70, [*2*], und S. 89, [*4*].

Etwa 0,25 g der Probe werden mit etwa der gleichen Menge von frisch geschnittenem Natrium in einem Glühröhrchen erhitzt. Man erwärmt zunächst vorsichtig und glüht dann. Das heiße Röhrchen wird in eine Schale geworfen, die etwa 10 ml destilliertes Wasser enthält. Man filtriert.

Ein Teil des Filtrates wird mit verdünnter Salpetersäure angesäuert und mit Silbernitratlösung versetzt. Ein dicker weißer Niederschlag entsteht wenn die Probe Chlor enthält.

Ein anderer Teil des Filtrates wird mit einigen Tropfen einer frisch bereiteten kalten Lösung von Nitroprussidnatrium versetzt. Bei Thiokol entsteht eine violette Farbe.

Ein dritter Teil des Filtrats wird mit einigen Tropfen frisch bereiteter Eisen(II)sulfatlösung versetzt. Dann gibt man einen Tropfen Eisen(III)-chloridlösung zu, kocht auf, kühlt ab, und macht salzsauer. Bei Perbunan bekommt man mit diesem Test eine tiefblaue Farbe, die jedoch nicht immer sofort entsteht. Vulcollan gibt auch eine positive Reaktion.

WAKE[1] berichtete über die Unterscheidungsmöglichkeiten einer Anzahl von Typen auf Grund ihres Asche- bzw. Phosphorgehalts[2] (Tab. 20).

Eine weitere Unterscheidung erlaubt der von WAKE[1] beschriebene Trichloressigsäuretest. Die Substanzen werden mit dem Reagens in der Wärme behandelt und die Farben der Schmelzen notiert. Einige Befunde sind in Tab. 21 angegeben. Der summarische Artikel von WAKE enthält auch Angaben über die Jodzahl verschiedener Typen. BLOOMFIELD [4] halogeniert mit Brom bei tiefer Temperatur zur Bestimmung der Doppelbindungen.

Tabelle 22. *Untersuchung der Aschen verschiedener Kautschuktypen*

| Kautschuktyp | % Asche | Phosphor | Magnesium | Aluminium |
|---|---|---|---|---|
| Smoked sheet . | 0,4 | + + | + | — |
| Buna 85 . . . | 0,7 | — | + | — |
| Buna 115 . . | 0,8 | — | — | — |
| Buna S . . . . | 0,2 | + | — | — |
| GR–S . . . . | 0,7* | — | + | — |
| Perbunan . . . | 0,1 | — | + + | — |
| Hycar OR 15 . | 0,9 | — | + + | + |
| Neoprene GN . | 0,3 | — | — | — |
| Neoprene FR . | 2,0 | + + | + + | — |
| Butyl . . . . | 0,1 | — | — | — |

* Neuere Proben haben 1,4% Asche und können Aluminium enthalten.

In dem Buch von WAKE[3] ist auf S. 47 ein Test auf fluorhaltige Elastomere (wie z. B. Kel-F Elastomer) angegeben.

Ein Testpapier wird hergestellt durch Imprägnieren mit wäßriger 0,1%iger Alizarinrot S-Lösung und 0,1%iger Zirkoniumnitratlösung. Vor

---

[1] s. S. 89, [4].

[2] s. S. 89, [12].

[3] Vgl. Fußnote auf S. 2.

Benutzung wird mit 50%iger Essigsäure angesäuert. Eine neutralisierte Lösung von einem Lassaigne-Schmelztest verursacht rote Flecken wenn Fluor vorliegt.

Die Fluorescenz im filtrierten UV-Licht kann zur Identifizierung mit herangezogen werden[1]. Die meisten Buna-Typen und einige Neoprene fluorescieren hellblau, Polysar Krylene grünlichgrau, Hycar OR 15 und Polysar N 301 rötlich bis bläulichweiß, Naturkautschuk ocker usw.[2]

Tabell 23. *Schmelztests mit Trichloressigsäure*
(Die Probe wird im Reagensglas mit fester Trichloressigsäure erwärmt)

| Kautschuktyp | erwärmt im Wasserbad | erhitzt über Flamme | Wasserzugabe |
| --- | --- | --- | --- |
| Naturkautschuk . | — | rot | grau-violetter Niederschlag |
| Butyl . . . . . . | — | gelb | weiße Trübung |
| Hycar OR   . . . | — | gelb, quillt stark | weiße Trübung |
| Buna S . . . . . | — | rotbraun | bräunl. Trübung |
| Polysar Krylene . | blaugrün | rotbraun | bräunl. Trübung |
| Neoprene RT   . . | rotviolett | erst blau, dann entfärbt, rot, schließlich schwarz, quillt | bräunl. Trübung |
| Neoprene W . . . | — | gelb, braun, quillt | bräunl. Trübung |

Vorzüglich für die Identifizierung von rohen Kautschuktypen sind die von BURCHFIELD entwickelten Pyrolysetests (s. S. 67).

ARNOLD, MADORSKY und WOOD [5] geben ein einfaches Verfahren zur Bestimmung des Brechungsindex von Kautschuktypen mit dem Abbe-Refraktometer an. KIRCHHOF [6] beschrieb Reaktionen von Thiokol LP–2.

Dieses Kapitel behandelt nicht die eigentliche Analyse von rohem Kautschuk, welche ein Arbeitsgebiet für sich darstellt. Erwähnt seien nur die quantitative Ermittlung des Kohlenwasserstoffanteils von rohem Naturkautschuk durch Bestimmung des Brechungsindexes [7], die Untersuchung von W. J. VAN ESSEN über die Bromierung von Naturkautschuk auf der Basis des Verfahrens von GOWANS und CLARK [8], und die Arbeit von LINNIG u. a. [9] über die Schnellbestimmung von Säuren, Seifen und Stabilisatoren sowie die Bestimmung von gebundenem Styrol in Styrolkautschuk.

---

[1] Frische Schnittkanten von Vulcollan leuchten hellblau bei 366 m$\mu$.

[2] Man muß im Auge behalten, daß diese Fluoreszenzen bei synthetischem Kautschuk wahrscheinlich von Beimischungen wie z. B. Alterungsschutzmitteln, herrühren.

**Literatur**

[1] BEKKEDAHL, N. u. R. D. STIEHLER: Anal. Chem. **21**, 266 (1949).
[2] STERN, H. J.: India-Rubber J. **106**, 431, 449, 491 (1944).
[3] KIRCHHOF, F.: Kautschuk 4, 190 (1928).
[4] BLOOMFIELD, G. F.: J. Chem. Soc. **117**, 120 (1944).
[5] ARNOLD, A., I. MADORSKY u. L. A. WOOD: Anal. Chem. **23**, 1656 (1951).
[6] KIRCHHOF, F.: Kautschuk & Gummi **10**, WT 176, 227, 232 (1957).
[7] FANNING, R. J., u. BEKKEDAHL, N.: Anal. Chem. **23**, 1653 (1951).
[8] VAN ESSEN, W. J.: Arch. Rubber Cultivation **33**, Nr. 1, 231 (1956).
[9] LINNIG, F. J., J. M. PETERSON, D. M. EDWARDS, u. W. L. ACKERMANN: Anal. Chem. **25**, 1511 (1953).

## 2. Ausblühungen

Die Identifizierung von Ausblühungen ist in der betrieblichen Praxis hin und wieder erforderlich. Meistens handelt es sich wohl um Schwefelausblühungen, manchmal um solche von Beschleunigern, besonders Thiuram, seltener um Alterungsschutzmittel. Paraffinausblühungen können in bestimmten Formen wünschenswert sein, sie können aber auch so auftreten, daß sie, wie alle vorher beschriebenen Ausblühungen, als unangenehme Störung zu bezeichnen sind und unterbunden werden müssen.

Abb. 16. Schwefelausblühung

Zur qualitativen Bestimmung von Ausblühungen benutzt man im allgemeinen die gleichen Reaktionen, wie sie zur Identifizierung der entsprechenden Substanzen im freien Zustand Anwendung finden.

Schwefel kann mittels Pyridin und Natronlauge identifiziert werden [1]; der Test ist jedoch für die Praxis oft zu empfindlich, da eine Schwefelmischung auch ohne Ausblühung meistens eine deutlich positive Reaktion gibt. Besser ist ein Test mit Kalilauge [2], der sich des Tyndall-Effektes bedient[1].

Ein Streifen der Probe wird in einem Reagensglas mit 3 ml Aceton übergossen. Man gießt das Lösungsmittel sofort in ein anderes Reagensglas ab, unterschichtet mit 1,5 ml 50%iger Kalilauge und bringt mit einer spitzen Pipette einen Tropfen Wasser auf die Berührungsfläche der beiden nicht mischbaren Flüssigkeiten. Bei Anwesenheit von Schwefel entsteht in der Acetonschicht ein intensiv blauer bis grüner Ring. Die üblichen Beschleuniger und Alterungsschutzmittel geben diese Reaktion nicht.

Abb. 17. Schwefelausblühung

Zur Identifizierung von Beschleunigern und Alterungsschutzmitteln zieht man die im Abschn. 17 beschriebenen Nachweise heran. Fluorescenstests im filtrierten UV-Licht können manchmal vorteilhafte Hinweise geben[2].

KENDALL und PHILLIPS [3] beschrieben eine Methode zur Feststellung der Dicke von Paraffinausblühungen.

Ein abgemessenes Stück der Probe wird mehrmals mit entfetteter Baumwolle, die mit Benzin getränkt ist, abgewischt. Die

---

[1] Vgl. auch WAKE's Ausführungen auf S. 207—208 seines Buches (Fußnote S. 2).

[2] HINE, D. J. und Y. B. JOHN: J. Rubber Research 19, 107 (1950) erwähnen die Möglichkeit der Identifizierung von Wachs-Ausblühungen mittels UV-Licht.

verwendete Baumwolle wird mit Benzin extrahiert und der Extrakt nach Verdampfen des Lösungsmittels gewogen.

Über die gleiche Sache geben BEST und MOAKES [4] interessantes experimentelles Material bekannt.

Abb. 18. Ausblühung von Tetramethylthiuramdisulfid

Die Identifizierung von Paraffin kann ganz einfach dadurch erfolgen, daß man die Probe mit heißem Alkohol abspült; beim Abkühlen fällt Paraffin aus. Man kann filtrieren und den Schmelzpunkt bestimmen.

Mikroskopische Untersuchungen können bei der Identifizierung von Ausblühungen oft gute Dienste leisten[1]. Dabei ist zu beachten, daß die Form des ausgeblühten Materials sehr verschieden sein kann, je nach den Bedingungen, unter welchen die Ausblühung erfolgte. Die Abb. 16—18 zeigen einige Ausblühungen. ALLEN [5] behandelt in einem interessanten Artikel über die Anwendung der Lichtmikroskopie in der Gummiindustrie auch Ausblühungen und fügt einige charakteristische Mikrophotos bei.

AUERBACH und GEHMAN [6] untersuchten Beziehungen zwischen der Löslichkeit von Schwefel in Kautschuk und der Tendenz zum Ausblühen.

### Literatur

[1] GALLOWAY, P. D., u. R. N. FOXTON: J. Rubber Research 19, 74 (1950).
[2] GARCIA-FERNANDEZ, H.: C. R. hebd. Séances Acad. Sci. 224, 344 (1947).
[3] KENDALL, F., u. W. M. PHILLIPS: Analyst 75, 74 (1950).

[1] Vgl. auch V. KŘÍZEK u. F. RYBNIKAR, Plaste u. Kautschuk 6, 113 (1959).

[*4*] BEST, L. L. u. R. C. W. MOAKES: Trans. Inst. Rubber Ind. **27**, 103 (1951).
[*5*] ALLEN, R. P.: Ind. Eng. Chem., Anal. Ed. **14**, 740 (1942).
[*6*] AUERBACH, I., u. S. D. GEHMAN, Anal. Chem. **26**, 685 (1954).

## 3. Identifizierung von „Stippen" einiger mineralischer Füllstoffe

„Stippen" in Gummimischungen sind, wenn sie schon einmal auftreten, oft von so geringer Dimension, daß an eine Überführung der Substanz in ein Reagensglas nicht zu denken ist. Daher identifiziert man Stippen am besten mit bekannten Tüpfeltests bzw. mikroanalytischen Nachweisen.

Zuerst betrachtet man die Stippe zweckmäßig im UV-Licht (366 m$\mu$). Zinkoxyd fluoresciert hellblau.

War der UV-Test positiv, so wird die Stippe einen Moment über die Öffnung einer Flasche mit Eisessig gehalten. Gleich darauf läßt man einen Tropfen einer 0,05%igen Dithizonlösung in Tetrachlorkohlenstoff über die Stippe laufen, so, daß sie von der Lösung benetzt wird und bläst die Stelle trocken. Die Stippe nimmt eine tief karminrote Färbung an, wenn ZnO vorliegt.

Waren die Prüfungen auf ZnO negativ, so erhitzt man 8-Oxychinolin mit etwas Wasser, setzt die Stippe einen Moment den entstehenden Dämpfen aus und betrachtet sie gleich darauf im filtrierten UV-Licht. Magnesiumoxyd bzw. -carbonat zeigt dann eine intensive grünlichgelbe Fluorescenz.

Als Belegtest kann man dann weiter auf Mg prüfen:

Die Stippe wird mit 2 n Natronlauge benetzt und mit einem Tropfen einer 0,2%igen wäßrigen Thiazolgelblösung in Berührung gebracht. Wenn Magnesium vorliegt, entsteht eine tiefrote Färbung.

Das Verhalten der Stippe gegen Salzsäure beobachtet man am besten unter der Lupe. Löst sich die Substanz, so kann man ein Tröpfchen direkt auf einen Objektträger bringen, einen Tropfen Ammoniak zugeben und mit einem Tropfen Ammoniumoxalatlösung auf Calcium prüfen. Tritt sofort ein deutlicher, feinkristalliner Niederschlag auf, so liegt Ca vor.

CaO bildet Kristalle von Calciumphenolat wenn eine Lösung von Phenol in Nitrophenol als Reagens verwendet wird [*1*].

### Literatur

[*1*] MAIER, A. A.: Tsement **22**, No. 3, 23 (1956); Chem. Abstracts **51**, 14483 (1957).

## 4. Kupfer und Mangan

### Übersicht

Kupfer und Mangan werden in rohem Kautschuk deshalb oft bestimmt, weil ihre Anwesenheit die Alterung von Naturkautschuk beschleunigt.

Das Vanderbilt-Rubber Handbook [1] beschreibt qualitative Nachweise für beide Elemente. Bei der quantitativen Analyse wird der nasse Weg zur Entfernung des organischen Materials in den Standardmethoden bevorzugt. Man hat Anlaß zu der Annahme, daß dabei am besten der Verlust an nachzuweisender Substanz vermieden wird. Die britischen Standardmethoden für die Analyse von Rohkautschuk geben jedoch eine Veraschungsmethode an[1]. Es ist bekannt, daß in vielen Laboratorien der trockene Weg vorgezogen wird, besonders der Einfachheit wegen[2]. VILA [2] empfiehlt, bei 400° zu veraschen. Anstatt die Färbung einer wäßrigen Lösung von Natriumdiäthyldithiocarbamat zu messen, wird die Lösung mit Tetrachlorkohlenstoff extrahiert und dieser Auszug colorimetriert.

CASSAGNE [3] weist darauf hin, daß Diäthyldithiocarbamat Farbreaktionen mit Eisen, Mangan und Zink gibt, und daß diese Elemente deshalb vor der Kupferbestimmung entfernt werden müssen. Zu diesem Zweck wird die Analysenlösung nach Abtrennung des unlöslichen Rückstandes ammoniakalisch gemacht und mit Dinatriumhydrogenphosphat versetzt. Nach Filtration wird der Kupferfarbkomplex entweder mit Äther oder Isoamylalkohol extrahiert.

VAN DER BIE [4], dessen Untersuchung über den Einfluß von Kupferverbindungen in Kautschuk und Latex bekannt ist, trennt Kupfer aus der Lösung des Glührückstandes entweder durch Mikroelektrolyse oder als Sulfid ab. Die Bestimmung erfolgt mit Natriumdiäthyldithiocarbamat. Sein Kapitel über die quantitative Bestimmung von Kupfer liegt auch in englischer Sprache vor [5].

DEKKER [6] berichtete schon früher ausführlich über die Verfahren zur Bestimmung von Mangan in Kautschuk.

NYDAHL [7] stellte eine gründliche Untersuchung über die Brauchbarkeit der Persulfatmethode zur Bestimmung von Mangan an.

Die Oxydation kann in Anwesenheit von Chloriden ausgeführt werden, wenn diese mit Hg II-Ionen maskiert sind. So kann die Konzentration der katalysierenden Silberionen auf dem niedrigen Werte von $10^{-5}$ m gehalten werden, wobei keine Störungen durch Silberchloridniederschläge auftreten.

---

[1] Vgl. auch DIN 53 569, Mai 1958, in Kautschuk u. Gummi **11**, 168 (1958).
[2] Vgl. S. 123, [1].

Variationen der Persulfatkonzentration haben innerhalb weiter Grenzen keinen Einfluß auf die Resultate. NYDAHL folgert, daß die Persulfatmethode mindestens ebensogut sei wie die Periodatmethode.

Die von der amerikanischen und britischen Delegation auf dem Internationalen Treffen für Kautschukprüfmethoden 1955 unterbreiteten Methoden zur Bestimmung von Kupfer und Mangan folgen alle demselben Muster [8]: Kupfer wird in der Asche mittels Diäthyldithiocarbamat oder Dibenzyldithiocarbamat und Mangan mittels Kaliumperjodat bestimmt. Die britische Delegation wies auf den Unterschied zwischen aktivem und inaktivem Kupfer hin[1]; es kann als harmlos angesehen werden in der Form, in welcher es in Mineralien vorkommt; Koordinationsverbindungen sind gewöhnlich inaktiv, obgleich gefunden worden ist, daß einige Koordinationsverbindungen des Eisens Oxydationsreaktionen aktivieren [8].

KIRITESCU u. a. [9] bestimmt Kupfer in Kautschuk durch Extraktion in $CCl_4$ aus alkalischer Lösung in Gegenwart von Diäthyldithiocarbamat.

MARTENS und GITHENS [10] bevorzugen Zinkdibenzyldithiocarbamat als Reagens zur Bestimmung von Kupfer in Farben und Kautschukchemikalien, da aus saurer Lösung extrahiert werden kann, wodurch man eine oder zwei Filtrationen erspart. Wismut stört, Hg wird mittels KBr maskiert.

Spuren von Kupfer können mit Neocuprin (2,9-Dimethyl-1,10-phenanthrolin) bestimmt werden. Dieses Reagens ist Dithizon und Diäthyldithiocarbamat überlegen, da es selbst kaum eine Eigenfärbung besitzt und Störungen durch Fremdionen sehr gering sind; das Reagens ist weitgehend spezifisch für Kupfer [11].

Die etwa 100 ml einnehmende Lösung wird auf $p_H$ 4,2 gepuffert und wird einmal mit 10 ml einer Lösung von Neocuprin in Äthylendichlorid extrahiert. Man trennt die organische Schicht ab, fügt 0,5 ml Isopropylalkohol zu und colorimetriert bei 454 m$\mu$.

In einer Modifikation des Verfahrens von ZALL, MICHAEL und FISHER [12] ist keine $p_H$-Einstellung notwendig. Später wurde 2,9-Dimethyl-4,7-diphenyl-1,10-phenantrolin zur Bestimmung von Kupferspuren verwendet [13, 14].

## Qualitative Nachweise

**Kupfer.** Der Glührückstand einer 5-g-Probe, der in Gegenwart von Schwefelsäure hergestellt wurde, wird mit einem Tropfen warmer Schwefelsäure aufgenommen. Man verdünnt mit Wasser auf 10 ml, erwärmt und filtriert. Dann wird ammoniakalisch gemacht. Man filtriert wieder und teilt das Filtrat in 2 Teile.

---

[1] Vgl. S. 168 ff. in WAKE's Buch (Fußnote S. 2).

Teil 1 wird mit 2 ml 5%iger Natriumdiäthyldithiocarbamatlösung versetzt. Eine braune Färbung oder Fällung zeigt Kupfer an. Teil 2 wird eben essigsauer gemacht und mit 2 Tropfen 60%iger Kaliumrhodanidlösung und 1 Tropfen Pyridin versetzt. Man gibt 1,5 ml Chloroform zu und schüttelt eine Minute lang durch. Eine grüne oder gelblichgrüne Farbe der Chloroformschicht zeigt Kupfer an.

**Mangan.** Der Glührückstand einer 5-g-Probe, der in Gegenwart von Schwefelsäure hergestellt wurde, wird mit einem Tropfen Schwefelsäure und einem Tropfen Salpetersäure aufgenommen. Man verdünnt mit Wasser auf 10 ml, erwärmt und filtriert.

Dem Filtrat fügt man 1 ml Salpetersäure (1,42), 1 ml Phosphorsäure (1,75), 0,5 ml 5%ige Silbernitratlösung und eine Spatelspitze von festem Ammoniumpersulfat zu. Man kann vorsichtig erwärmen. Bei Anwesenheit von Mangan tritt die bekannte Farbe von Kaliumpermanganat auf.

### Quantitative Bestimmung von Kupfer

*Prinzip der Methode* [5]. Die Probe wird verascht, mit Säure behandelt, Kupfer als Sulfid gefällt und abgetrennt. Die Bestimmung erfolgt colorimetrisch mit Natriumdiäthyldithiocarbamat.

*Reagentien und Apparatur.* Natriumthiosulfatlösung: 50%ig wäßrig:

Natriumsulfidlösung: 50%ig wäßrig;

Reagenslösung: 0,1%ige wäßrige Lösung von Natriumdiäthyldithiocarbamat;

Schutzkolloid: 1%ige wäßrige Lösung von Gummi-Arabicum;

Apparatur: Photoelektrisches Colorimeter.

*Arbeitsgang.* Zu 5 g rohem Kautschuk gibt man in einem Porzellantiegel 10 Tropfen Schwefelsäure (1,84) und achtet darauf, daß die Probe gänzlich benetzt wird. Man läßt eine Stunde stehen und raucht dann vorsichtig über einer kleinen Flamme ab. Wenn keine flüchtigen Anteile mehr da sind, setzt man die Hitzebehandlung im Muffelofen 2 Stunden lang bei 500° fort. Geringe Mengen von dann noch etwa vorhandenem Kohlenstoff stören nicht.

Der Glührückstand wird mit 5 Tropfen halbkonzentrierter Schwefelsäure und 3 Tropfen Salpetersäure (1,20) versetzt; die Salpetersäure wird auf dem Wasserbad vorsichtig abgedampft. Man gibt einige ml kupferfreies destilliertes Wasser zu, überführt die Lösung in ein 15 ml Zentrifugenglas, graduiert bis 10 ml, ergänzt mit Wasser auf 10 ml, zentrifugiert und dekantiert ungelöste Substanz vorsichtig ab, wobei man die Lösung in ein anderes Zentrifugenglas bringt.

Man fügt der Lösung einen Tropfen konzentrierten Ammoniak, 2 Tropfen Thiosulfatlösung und 4 Tropfen Natriumsulfidlösung zu und mischt gut durch; danach werden 5 Tropfen Schwefelsäure (1,84) zugegeben und wieder durchgemischt.

Die Lösung wird nach einer Stunde 1—2 Minuten lang zentrifugiert, wobei die Lösung nicht unbedingt vollkommen klar werden muß; sie kann evtl. etwas milchig erscheinen. Man dekantiert vorsichtig. Danach wird das Zentrifugenglas zweimal mit je 10 ml einer eben bereiteten Lösung von 2 Tropfen Natriumsulfidlösung in 20 ml 2%iger Schwefelsäure ausgespült und jeweils eine Minute lang zentrifugiert. Beim Spülen muß der Niederschlag von der Waschlösung in geeigneter Weise verteilt werden.

Die Fällung wird mit 1 Tropfen halbkonzentrierter Schwefelsäure und 1 Tropfen Salpetersäure (1,20) versetzt und über einer kleinen Flamme vorsichtig erhitzt, bis weiße Dämpfe weggehen und der Schwefel zusammenschmilzt. Nitrose Gase sollen nicht mehr wahrnehmbar sein. Nach dem Abkühlen werden 10 ml 2%ige Schwefelsäure zugegeben und wenn nötig zentrifugiert, um Schwefelteilchen zu entfernen. Man dekantiert in eine 25 ml Meßzelle, fügt 9 ml 2%ige Schwefelsäure, 1 ml Schutzkolloidlösung und 5 ml Reagenslösung zu, mischt mit aller Vorsicht in geeigneter Weise durch und colorimetriert sofort.

Die Werte ersieht man aus einer Standardkurve, die mittels einer entsprechend hergestellten Kupferstandardlösung (25 $\mu$g Kupfer in 2,5 ml) vorher ermittelt wurde. Am besten geht man von einer Lösung aus, die 1 mg Cu pro ml, das sind 392,3 mg $CuSO_4 \cdot 5 H_2O$ in 100 ml enthält. Diese Lösung wird 1:100 verdünnt; 2,5 ml enthalten dann gerade 25 $\mu$g Cu.

*Bemerkungen.* Man soll einen Blindversuch mit allen zur Verwendung kommenden Reagentien ausführen und die Analysenergebnisse entsprechend korrigieren.

Die Reagenslösung muß monatlich frisch angesetzt und in dunkler Flasche aufbewahrt werden.

Das zur Verwendung gelangende destillierte Wasser muß kupferfrei sein.

### Quantitative Bestimmung von Mangan

*Prinzip der Methode.* Die Probe wird auf nassem Wege oxydiert. Das in Lösung befindliche Mangan wird mittels Kaliumperjodat zu

Permanganat oxydiert. Die Bestimmung erfolgt colorimetrisch gegen Standardwerte.

*Reagentien und Apparatur.* Phosphorsäure (1,75).
Kaliumperjodat,
Kaliumpermanganat.

*Apparatur.* Lichtelektrisches Colorimeter.

*Arbeitsgang.* Eine eingewogene Probe von etwa 2 g wird mit etwas Salpetersäure (1,42) und Schwefelsäure (1,84) in der Wärme behandelt, um das organische Material zu entfernen.

Der Rückstand wird mit einigen Tropfen Salpetersäure (1,42) aufgenommen und nochmals bis fast zur Trockene abgeraucht. Man läßt abkühlen, nimmt mit einem Tropfen Salpetersäure und etwas heißem Wasser auf, erhitzt und filtriert sorgfältig in einen 100 ml Meßkolben. Man kühlt auf 20° und bringt auf Volumen.

50 ml der Lösung werden in einen 100-ml-Weithals-Erlenmeyerkolben gegeben, 2 ml Phosphorsäure zugefügt und eingedampft, bis nur noch wenig Flüssigkeit vorhanden ist. Dann gibt man einige Tropfen Salpetersäure (1,42) und 2—3 Tropfen Perhydrol zu und verdünnt mit destilliertem Wasser auf etwa 25 ml. Nach Zugabe von 0,2 g Perjodat kocht man 1 Minute lang und beläßt die Lösung weitere 5 Minuten bei etwa 90°. Man läßt abkühlen.

Man überführt die Lösung in einen 50-ml-Meßkolben und bringt auf Volumen. Dann gießt man in Meßzellen um und colorimetriert durch geeignete Grünfilter.

Ein Blindversuch mit allen vorher verwendeten Reagentien wird nach dem gleichen Arbeitsgang durchgeführt, um das Versuchsergebnis entsprechend korrigieren zu können.

Eine Eichkurve wird mittels einer Standard-Manganlösung hergestellt. Zu diesem Zweck werden 50 ml 0,1 n Kaliumpermanganatlösung in ein 250-ml-Becherglas gebracht, einige Tropfen halbkonzentrierte Schwefelsäure zugefügt und zum Sieden erhitzt. Man läßt eine gesättigte Lösung von schwefliger Säure zutropfen bis die Lösung entfärbt ist. Nach 15 Minuten Kochen gibt man 5 ml halbkonzentrierte Schwefelsäure zu, läßt abkühlen, überführt in einen 500-ml-Meßkolben und bringt auf Volumen.

100 ml dieser Lösung werden in einem Meßkolben auf 500 ml verdünnt. Zur Ermittlung der Eichwerte entnimmt man eine Reihe von Portionen (0—5 ml), gibt diese in 100-ml-Weithals-Erlenmeyerkolben, fügt 2 ml Phosphorsäure und 4 ml halbkonzen-

trierte Schwefelsäure zu und dampft ein, bis nur noch wenig Flüssigkeit vorhanden ist. Nach Zugabe von einigen Tropfen Salpetersäure und Perhydrol setzt man die Behandlung fort, wie im Arbeitsgang beschrieben. Mit den erhaltenen Meßwerten legt man die Eichkurve fest.

*Bemerkung.* Das zur Verwendung kommende destillierte Wasser soll absolut frei von Schwermetallen sein.

### Literatur

[1] Anon., Vanderbilt Rubber Handbook, 9th ed., p. 510, New York, R. T. Vanderbilt Co. 1948.
[2] VILA, G. R.: Vanderbilt Rubber Handbook, 9th ed., p. 263, New York, R. T. Vanderbilt Co., 1948.
[3] CASSAGNE, P.: Rev. gén., caoutchouc 22, 93 (1945).
[4] BIE, G. J. v. D.: Koperverbindingen in Latex en Rubber en hun Invloed op de Duurzaamheid, Amsterdam, H. J. Paris 1948.
[5] BIE, G. J. v. D.: Rubber Age 69, 309 (1951).
[6] DEKKER, P.: Kautschuk 15, 179 (1939).
[7] NYDAHL, F.: Anal. Chim. Acta 3, 144 (1949).
[8] SCOTT, J. R.: Proc. Inst. Rubber Ind. 2, 208 (1955).
[9] KIRITESCU, A., u. a.: Ind. uşoară (Bukarest) 3, 500 (1956); Chem. Abstracts 51, 14309 (1957).
[10] MARTENS, R. I., u. R. E. GITHENS: Anal. Chem. 24, 991 (1952).
[11] BROWN, J. K., J. C. CONNELL, W. H. BETZ, u. L. D. BETZ: Anal. Chem. 25, 519 (1953).
[12] ZALL, D. M., R. E. MICHAEL, u. D. W. FISHER: Anal. Chem. 29, 88 (1957).
[13] SMITH, C. F., u. D. H. WILKINS: Anal. Chem. 25, 510 (1953).
[14] BORCHARDT, L. G., u. BUTLER, J. P.: Anal. Chem. 29, 414 (1957).

## 5. Selen und Tellur

*Vorbemerkungen.* Die Verwendung von Selen und Tellur als Vulkanisationsagens ließ den Wunsch auf geeignete Nachweismöglichkeiten in Mischungen aufkommen. So beschreibt das Vanderbilt Rubber Handbook [1] eine entsprechende Methode, die hier übernommen wird.

Im Zusammenhang damit sei auf den von HOSTE [2] kürzlich angegebenen Nachweis von seleniger Säure mit Diaminobenzidin hingewiesen[1].

10 Tropfen der etwa 3n-HCl-sauren Probe werden mit 3 Tropfen 2,5%iger wäßriger Diaminobenzidinhydrochloridlösung versetzt. Es entsteht ein gelber, amorpher Niederschlag oder eine Gelbfärbung, deren Intensität nach 5 Minuten ein Maximum erreicht. Oxydationsmittel dürfen nicht zugegen sein; Tellur reagiert nicht.

### Quantitative Bestimmung von Selen und Tellur

*Prinzip der Methode* [1]. Mittels Salpetersäure wird zu seleniger bzw. telluriger Säure oxydiert. Dann wird mit schwefliger

---

[1] Vgl. auch C. L. LUKE, Anal. Chem. 31, 572 (1959).

Säure gefällt. Eine Trennung von Selen und Tellur ist dabei möglich.

*Arbeitsgang.* I. Eine dünn ausgewalzte 2-g-Probe (vulkanisiert oder unvulkanisiert) wird in einem 250-ml-Weithals-Erlenmeyer mit 40 ml halbkonzentrierter Salpetersäure versetzt. Man erwärmt einige Minuten lang vorsichtig. Nach dem Abklingen der ersten Reaktion fügt man 20 ml Salpetersäure (1,42) zu und erhitzt etwa 15 Minuten lang, bis der Kautschuk praktisch ganz gelöst ist. Dann läßt man abkühlen, filtriert bei mäßigem Vakuum durch Glaswolle, um den Ruß abzutrennen und überführt das Filtrat in einen zweiten Erlenmeyerkolben. Man dampft auf dem Wasserbad ein; über 100° soll nicht erhitzt werden.

Der Rückstand wird mit 25 ml Salzsäure (1,18) aufgenommen. Man behandelt einige Minuten auf dem Wasserbad, verdünnt mit 75 ml Wasser und filtriert in ein Becherglas.

Wenn man weiß, daß kein Selen vorliegt, arbeitet man weiter nach III.

II. Das Filtrat wird mit 325 ml Salzsäure (1,18) versetzt. Wenn die Lösung Selen und Tellur enthält, soll sie mindestens 80 Volumenprozent konzentrierte Salzsäure enthalten; wenn nur Selen vorliegt, genügen 40 Volumenprozent.

Die Lösung wird auf eine Temperatur von 15—22° gebracht. Dann wird langsam, nach und nach, festes Natriumbisulfit zugegeben; dabei rührt man um. Wenn die Lösung mit schwefliger Säure gesättigt ist, läßt man den Niederschlag absetzen, am besten über Nacht.

Man dekantiert in einen vorbereiteten Filtertiegel, wäscht mit kaltem, dann mit warmem Wasser und schließlich mit Alkohol, trocknet bei 105° und wiegt als Selen.

III. Das Filtrat und die Waschflüssigkeit der Selenfällung oder das Filtrat von I. wird auf einen Gehalt von etwa 20 Volumenprozent an konzentrierter Salzsäure gebracht. Man erhitzt zum Sieden und fügt nach und nach festes Natriumbisulfit zu. Wenn die Tellurfällung vollständig ist, bringt man nochmals zum Sieden und läßt absetzen.

Man filtriert in einen vorbereiteten Filtertiegel, wäscht mit heißem Wasser und Alkohol, trocknet bei 105° und wiegt als Tellur.

### Literatur

[1] Anon., Vanderbilt Rubber Handbook[1], 9th ed., p. 508. New York: R. T. Vanderbilt Co. 1948.
[2] Hoste, J.: Anal. Chim. Acta 2, 402 (1948).

---

[1] Jetzt in 10. Auflage, 1958.

# E. Absorption Spectroscopy as an Analytical Method in Rubber Chemistry

By K. E. KRESS †

## Introduction

There is a number of textbooks treating the fundamentals of spectroscopy and absorption spectroscopy in particular, and we assume that the reader of this material is familiar with the principles involved. On the basis of economy of instrumentation, utility, and convenience of technique, the rubber analyst will be mostly interested in the ultraviolet, visible and near-infrared spectral regions up to 3.2 $\mu$, to which this discussion is therefore largely confined. The identification of materials is based upon plotting units of absorbance (ordinate) versus units of wavelength (abscissa) to obtain an absorbance curve over the spectral region of interest. If absorbance is selective, some wavelengths are absorbed more than others, and the curve will show a series of peaks (maxima) and valleys (minima) which is characteristic for the compound. Comparison of the absorbance spectra with a catalog of known spectra of materials will usually identify the unknown material. This is simplified if the number of possible materials is limited, as is the case in rubber compounds.

It is convenient to plot measured absorbance (A) versus measured wavelength (m$\mu$), which accents the peaks. Standard curves are sometimes plotted as the calculated log molar extinction coefficient (or log molar absorptivity), because curves of identical shape are obtained independent of sample concentration [1, 2].

## Instrumentation

Manually operated spectrophotometers cover the ultraviolet and visible regions, for example, the Beckman Model DU (200—2000 m$\mu$), and the Hilger Uvispek (285—2000 m$\mu$). Recording quartz prism instruments which also include the near-infrared regions are the Beckman Model DK-2 (200—3500 m$\mu$), the Perkin-Elmer Spectracord Model 4000-A, and the Cary Model 14 (186 to 2,650 m$\mu$).

Interchangeability of light sources, from the hydrogen discharge lamp used in the ultraviolet to the tungsten lamp for work in the visible and near-infrared spectral regions, is a feature of both manual and recording instruments.

The greater sensitivity of the more complex and expensive multiplier phototube, is of value for better resolution and work at lower light levels (e. g., at wavelengths below 210 m$\mu$), but for most absorptiometric work, the blue-sensitive phototube is satisfactory.

The combination in a single recording instrument of ultraviolet, visible and near-infrared spectral regions, using the same quartz sample cells, with several transparent solvents available over the region, makes this type of spectrophotometer the ideal for absorptiometric analysis in rubber chemistry.

However, the sensitivity of near-infrared analysis at wavelengths below 3.2 $\mu$ is lower than in the rock-salt region, making necessary a 5- to 10-fold increase in sample concentration for the same level of absorbance.

Sample cells may be made of quartz, glass or plastic. Fused quartz is useable throughout the ultraviolet, visible and near-infrared regions, and the somewhat higher cost may be returned in greater utility and convenience. Glass cells are useable in the ultraviolet range down to about 270 m$\mu$, through the visible into the near-infrared range up to about 2.9 $\mu$.

Fused quartz cells matched in the ultraviolet have been found to differ as much as 0.4 A units in the near-infrared at the 2.7 $\mu$ absorbance peak of occluded water [3]. They should be matched over the region of interest.

The most common cell path ist 1.0 cm, and this is suitable for practically all analyses in rubber chemistry. The normal maximum variation of 0.3% to 0.5% in cell thickness is small enough so that the cell path may be considered to be 1.000 cm. (b = 1.000) for all but the most exact analysis. This is a great convenience in calculations, and the error introduced is usually small as compared to other errors inherent in absorptiometric analysis.

## Technique

**Solvents and Solvent Effects.** The principle requirement of a good solvent for absorptiometric work is transparency to light in the wavelength range of interest. The absorptiometric technique in the ultraviolet and near-infrared region does not differ in principle from colorimetric analysis using a spectrophotometer. Such differences as exist are due to the greater restrictions placed on the ultraviolet and near-infrared methods by the limited number of available transparent solvents. This property is given in Table I for several polar and non-polar solvents. Also of importance for

### Table 1

*Useful Range of Transparency of Common Solvents*

| Solvents | Grade | Limit of Transparency | | | |
| --- | --- | --- | --- | --- | --- |
| | | Ultraviolet (m$\mu$) 1 cm-path-1 mm | | Near-infrared ($\mu$) 1 cm-path-1 mm | |

**Non-Polar Solvents:**

| Solvents | Grade | Ultraviolet 1 cm | Ultraviolet 1 mm | Near-infrared 1 cm | Near-infrared 1 mm |
| --- | --- | --- | --- | --- | --- |
| Isooctane | Spectro (a) | 217 | 218* | 2.8 | 3.0 |
| | (b) | 210 | | | |
| Cyclohexane | Reagent | 222 | 219 | 2.8 | 3.2 |
| | Spectro | 210 | | | |
| n-Pentane | Pure | 222 | 219 | 2.9 | 3.1 |
| Benzene | Reagent | 277 | 272 | 2.9 | 3.1 |
| Hexane | Commercial | 276 | 262 | 2.8 | 3.1 |
| Heptane | Commercial | 244 | 221 | 2.8 | 3.1 |
| Carbon tetrachloride | Reagent | 265 | 250 | 3.3 | 3.4 |

**Moderately Polar Solvents:**

| Solvents | Grade | Ultraviolet 1 cm | Ultraviolet 1 mm | Near-infrared 1 cm | Near-infrared 1 mm |
| --- | --- | --- | --- | --- | --- |
| Chloroform | Reagent | 245 | 235 | 3.1 | 3.2 |
| Perchloroethylene | Technical | 286 | 277 | 3.3 | 3.4 |
| Ethylene dichloride | Purified | 256 | 245 | 2.9 | 3.2 |
| Ethyl ether | Reagent Spectro | 220 | | | |
| Dioxane | Purified | 262 | 247 | 2.3 | 3.1 |
| Specially purified (Fridel and Orchin) | | 220 | | | |

**Strongly Polar Solvents:**

| Solvents | Grade | Ultraviolet 1 cm | Ultraviolet 1 mm | Near-infrared 1 cm | Near-infrared 1 mm |
| --- | --- | --- | --- | --- | --- |
| Methanol | Reagent | 223 | 220 | 2.1 | 2.7 |
| | Spectro | 210 | | | |
| 1% Aqueous Barium Hydroxide | | 223 | 220 | 1.8 | 2.4 |
| 1% Aqueous Hydrochloric Acid (1:99) | | 216 | 218 | 1.8 | 2.4 |
| 50% Aqueous Hydrochloric Acid (1:1) | | 217 | 218 | 1.5 | 2.3 |
| Water, distilled | | 216 | 218 | 1.8 | 2.4 |

---

* The 1 mm cell path obtained with 9 mm quartz spacer in 10 mm cell. Quartz itself absobs so that 218 m$\mu$ is minimum wave length for this 1 mm cell, which is higher than 1 cm of solvent in some cases.

Procedure:

Ultraviolet — Determined with hydrogen discharge tube on Beckman DK-2 spectrophotometer by placing solvent in both cells of 1 cm path (or 1 mm path) and determining shortest wave length where instrument would balance with slit open wide (2 mm); multiplier phototube used.

Near-Infrared — Determined with tungsten lamp by locating the longest wave length above which the solvent is completely opaque. It should be understood that there are absorbance peaks at shorter wave lengths which limit the useful transparency in certain narrow regions for all these solvents except carbon tetrachloride, perchloroethylene and carbon disulfide.

quantitative work with rubber compounding ingredients is good solubility and stability of solutions.

Chloroform is a particularly good solvent for use in the ultraviolet region for the rubber laboratory, as it rapidly dissolves common organic compounding ingredients, and also the raw and uncured compounded natural and SBR elastomers. The primary limitation of chloroform is its opacity to ultraviolet light below 245 m$\mu$, making necessary the use of methanol, ethyl ether, or hydrocarbon solvents such as isooctane down to 220 m$\mu$, or somewhat lower, although these materials do often not have the solvent strength of chloroform.

It is estimated that 80% of the organic rubber compounding additives such as accelerators, retarders, antioxidants, resins and softeners, exhibit characteristic ultraviolet absorbance which can be used for identification purposes having their most characteristic absorbance peaks at wavelengths greater than the 245 m$\mu$ cut-off of chloroform [4].

The primary requirement of transparency usually fosters the use of carbon tetrachloride or perchloroethylene with 1 cm cells in the near-infrared region, although chloroform is suitable over a narrower range. The odor and volatility of the transparent carbon disulfide is a disadvantage. With 1 mm and thinner cells, other solvents may be used (Table I). However, near-infrared work may be carried out without a solvent if the sample is a thin film or a liquid. The most useful near-infrared region for analysis is from about 2.0 to 3.2 $\mu$, as below 2.0 $\mu$ considerably lower sensitivity is found, and differences in spectra above 3.2 $\mu$ are not as pronounced.

Increased polarity of a solvent will tend to eliminate or to reduce the sharpness of peaks, change the ratio of their absorbance, or shift the peaks to slightly longer wavelengths in the ultraviolet region (e. g., 1 to 5 m$\mu$). The effect of solvent polarity on the spectrum of Santoflex DD rubber antioxidant is illustrated in Figure 1. In the near-infrared region the observed solvent effects may come from hydrogen bonding which alters the relative peak height or absorbance ratio, and causes failure of solutions to follow Beer's law for such materials as stearic acid [5, 6].

A chemical reaction caused by solvents or impurities may alter absorbance curves. Solutions of certain masterbatches, and extracts of organic compounding ingredients, tend to be photosensitive in chlorinated hydrocarbons. Consequently, solutions in chloroform are commonly made in brown or red tinted glassware to eliminate this effect.

Simple extraction of organic compounding ingredients may alter absorbance characteristics. For example, refluxing in various solvents (e. g., alcohol and acetone) as for extraction, has shown

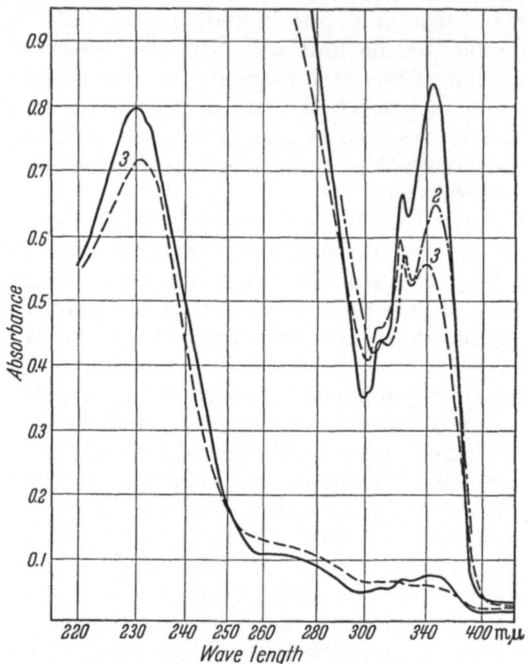


Fig. 1. Effect of solvent polarity on ultraviolet spectra
———— 1. Non-polar isooctane
—— —— 2. Slightly polar chloroform
- - - - - - 3. Strongly polar methanol
Represents two concentrations of the major
component from Monsanto Santoflex DD
antioxidant, which was isolated by
absorption analysis on alumina

a marked tendency to reduce MBTS accelerator to MBT, greatly altering ultraviolet absorbance.

Frequently use is made of an aqueous solvent to extract accelerators. Extraction of a rubber product with 1% HCl will selectively remove MBT when it is present in one of the chemical compounds of the Thiazole class of accelerators such as MBTS, Santocure and Zinc-MBT. The sulfenamide accelerators such as Santocure and Nobs, may be distinguished by the instability of the prepared carbamate complex of the amine present in the latter [7]. The guanidines may sometimes be more readily distinguished absorptiometrically as their hydrochlorides in 1% HCl extract than as a solution of the guanidine in ether [*8*].

A shift of MBT peak absorbance in alkaline solution from 308 m$\mu$ to 318 m$\mu$ in acid solution (see Figure 2) is proof of identity of MBT. It also distinguishes aromatic MBT deriatives from aliphatic (ethyl and methyl) thiazole accelerators, as the 306 m$\mu$ peak of the latter does not shift appreciably in acid. The difference of absorbance of alkyl-phenol antioxidants in neutral and alkaline solution has been used to correct for background interference in analyzing SBR for these antioxidants [*9*].

In summary, solvent effects should always be taken into consideration before selecting the solvent to be used in the absorptiometric analysis, whether sharp peaks are required for qualitative identification, or stability and reproducibility of absorbance intensity is needed for quantitative work.

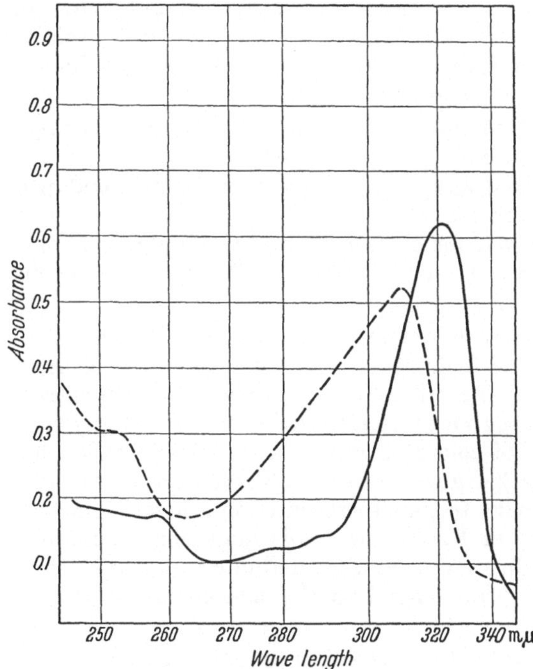


Fig. 2. MBT in aqueous acid and alkali
------- Aqueous barium hydroxide (1% by weight)
———— Aqueous hydrochloric acid (1% conc. acid by volume)

**Sample Preparation.** The principal difference in methods of absorptiometric analysis in the various spectral regions lies in the sample size required. The great sensitivity of ultraviolet absorptiometry makes work in the micro range (i. e., sample below 10 mg) a practical procedure in such analyses as for zinc oxide and total sulfur, where the concentration is of the order of 0.01 to 0.05 mg/ml. However, in the near-infrared region where the sensitivity is only a fraction of that in the ultraviolet, the sample must be considerably larger, and sample concentration for rubber chemicals is of the order of 1 to 10 mg/ml and higher (Note the relatively high concentration for cured elastomer pyrolyzate in Figure 8).

For analysis of compounded masterbatches and raw synthetic elastomers, a simple direct solution of the sample in a good solvent such as chloroform is often satisfactory [*10*].

Where the compounding of the rubber product is complex, a method of separating the desired material is essential before the absorptiometric analysis can be carried out. Most of these methods are well known. In general, the most rapid yet reliable methods for sample preparation in rubber product analysis are believed to be as follows:

a) Selective aqueous solvent extraction for curing agents and certain antioxidants.

b) Chromatographique separation for antioxidants, softernes, and soluble resins.

c) Pryolysis for elastomers and insoluble resins.

d) Micro wet ashing with perchloric acid for minerals and sulfur.

*Quantitative Measurement of Absorbance:* There is no basic difference in the technique for the measurement of intensity of absorbance in the ultraviolet, visible and near-infrared spectral regions, throughout which the same quartz optics are used. Though absorbance of colored samples in the visible region has long been recorded as % transmittance (% T) on a linear scale of 0—100% T, it is customary to plot these units on a logarithmic scale to prove the validity of Beer's law. It is more convenient to read absorbance (A) directly from a logarithmic instrument scale, as it will be directly proportional to the concentration where Beer's law holds.

*Wavelength:* It is customary to make absorbance measurements at the center of absorbance peaks for greatest sensitivity and least effect of errors in reproducing the wavelength setting. Is is possible to use any wavelength of adequate sensitivity, even though

## Table 2

*Ultraviolet Absorbance Characteristics of Organic Compounding Ingredients for Rubber Products*

| Trade Name (Chemical Name) | Solvent* | Conc.** (mg/100 ml) Solvent | Wave Length of Peak $(m\mu)$ | Peak Absorptivity $(a)$ | Characteristic Ratio of Absorbance |
|---|---|---|---|---|---|
| *Accelerators:* | | | | | |
| MBT . . . . . . . (Mercaptobenzothiazole) | C | 0.5—1.0 | 329 | 162 | 329/274 = 15.9 |
| MBTS . . . . . . (Mercaptobenzothiazyldisulfide) | C | 1.0—3.0 | 274 | 59.2 | 274/252 = 1.47 |
| DOTG (Diorthytolyl guanidine) | E | 0.7—2.2 | 252 | 67 | 252/272 = 1.67 |
| DPG . . . . . . . (Diphenyl guanidine) | E | 0.5—1.6 | 256 | 92 | 256/278 = 1.61 |
| TPG . . . . . . (Triphenylguanidine) | E | 0.5—1.6 | 264 | 90 | 264/284 = 1.27 |
| TMTD . . . . . . (Tetramethyl thiuram disulfide) | C | 1.0—3.0 | 282 | 46.9 | 282/270 = 1.03 |
| Butyl 8 . . . . . . (Activated thiocarbamate type) | C | 1.7—5.0 | 329 | 29.1 | 329/280 = 3.68 |
| Ethyl Zimate . . . (Zinc diethyldithiocarbamate) | C | 0.5—1.6 | 262 | 99 | 262/280 = 1.88 |
| *Curing Agents and Retarders:* | | | | | |
| Sulfur . . . . . . (crystalline or soluble) | C | 2.0—7.0 | 264 | 26.7 | 264/251 = 1.13 |
| GMF . . . . . . . (p-Quinonedioxime) | M | 0.2—1.0 | 316 | 189 | 316/280 = 2.21 |
| Retarder W . . . . (Salicylic acid) | M | 2.0—3.0 | 234 304 | 49 26 | 234/304 = 1.92 |
| Stearic acid . . . . | C | 1000 | 262 (no peak) | 0.1 | |
| *Antiozonants:* | | | | | |
| DPPD . . . . . . (Diparaphenylenediamine) | C | 1.0—1.5 | 302 | 86 | 302/322 = 1.37 |
| UOP 88 . . . . . . (Dioctyl phenylenediamine) | C | 1.5—3.5 8—23 | 262 338 | 39.6 6.5 | 262/338 = 6.04 |

Table 2 (Continuation)

| Trade Name (Chemical Name) | Solvent* | Conc.** (mg/100 ml) Solvent | Wave Length of Peak (m$\mu$) | Peak Absorptivity ($a$) | Characteristic Ratio of Absorbance |
|---|---|---|---|---|---|
| *Antioxidants:* | | | | | |
| PBNA | C | 0.5—1.0 | 272 | 102 | 272/310 = 1.21 |
| (Phenyl beta | | | 310 | 84 | |
| naphthylamine) | | | | | |
| Agerite Stalite | C | 1.0—3.0 | 288 | 52 | 288/308 = 1.86 |
| (Heptylated | | | | | |
| diphenylamine) | | | | | |
| BLE | C | 1.0—2.0 | 290 | 77 | 290/310 = 1.81 |
| (Principally | | | | | |
| dimethylacridane) | | | | | |
| Santoflex DD | M | 0.6—2.0 | 232 | 76 | 232/338 = 12.9 |
| (Dodecyl dihydro tri- | | | 338 | 5.9 | |
| methyl quinoline) | | | | | |
| Wingstay S | E | 5—15 | 280 | 8.6 | 280/250 = 3.8 |
| (Styrenated cresols) | | | | | |
| Agerite Spar | C | 5—15 | 280 | 9.6 | 280/260 = 1.95 |
| (Styrenated phenol) | | | | | |
| p-Aminophenol | C | 1—2 | 234 | 65.1 | 234/300 = 3.32 |
| *Softeners and Plasticizers:* | | | | | |
| Mineral (paraffin) oils | | | | | |
| Low aromatic | M | 110—330 | 258 | 0.42 | |
| High aromatic | C | 2.0—5.0 | 262 | 39.0 | 262/284 = 1.76 |
| Pine Tar | C | 1.5—4.0 | 260 | 36.8 | 260/300 = 3.09 |
| Bardol | C | 1—2 | 254 | 87 | 254/338 = 8.2 |
| (coal tar oil) | | | 338 | 10.7 | |
| *Resins:* | | | | | |
| Durez 13 355 | M | 4—12 | 280 | 11.6 | 280/254 = 3.6 |
| (Phenol formaldehyde) | | | | | |
| Turgum S | M | 1.5—4.0 | 240 | 35.8 | 240/294 = 4.4 |
| (Resin acid-terpene | | | 294 | 8.0 | |
| blend) | | | | | |
| Vultac 2 | C | 3—9 | 294 | 17.0 | 294/280 = 1.07 |
| (Alkyl phenoldisulfide) | | | | | |
| Cumar MH 2½ | C | 4—12 | 268 | 11.2 | 268/280 = 1.25 |
| (Cumarone-indene) | | | | | |
| Resinex 100 | C | 1—2 | 262 | 72.0 | 262/280 = 1.29 |
| (Polymerized petroleum | | | | | |
| unsaturates) | | | | | |
| Rosin | M | 1.5—4.0 | 240 | 35.6 | 240/224 = 1.41 |
| Staybelite Resin | E | 20—50 | 244 | 3.3 | 244/266 = 3.7 |
| (Hydrogenated Rosin) | | | | | |

* Letters stand for following solvents: C-chloroform, M-methanol, E-ethyl ether.

** Concentration represents weight range in 100 ml of solvent to obtain an absorbance level of about 0.5 to 1.5. It ranges from 0.2 mg for GMF to above 300 mg for paraffinic (low aromatic) mineral oil.

there is no peak or shoulder. However, in such a case the wavelength is set with extra care, a constant slit width is used, and somewhat lower precision is to be expected.

Measurement of absorbance at a wavelength of reduced absorptivity on a sharply sloping curve has been used to reduce sensitivity at unusually high concentrations of zinc in rubber products [11]. An absorbance ratio at two wavelengths in the visible region with no particular maxima or minima is used to identify the type carbon black in suspensions prepared from rubber products [12, 13].

*Slit Width:* In quantitative absorbance measurements at a single wavelength setting, it has been customary to use a constant slit width, which means a constant band width of light will be isolated. This is a good rule in general, and it is essential for sharp absorbance peaks such as those of the aromatic solvents (e. g., benzene, where absorbance may change appreciably in a 0.1 m$\mu$ interval), but for practical reasons it should not be considered a limiting rule for ultraviolet analysis of rubber products, when a spectrophotometer with a dispersion and adjustible sensitivity comparable to the Beckman Model DU is available.

Because the absorbance peaks of rubber additives are relatively broad in the ultraviolet region, the slit width is not normally critical and relatively wide slits (e. g., above 1.0 mm) may often be used. This is of economical importance in that it is possible to disregard effects of progressively wider slits required due to reduced light intensity caused by aging of mirror surfaces or the light source, or to reduced response of the phototube or amplifier circuit. The wider slit also permits operation of the Model DU at greater sensitivity, which results in improved precision, particularly at an absorbance above 1.0 where potentiometer response is relatively slow.

*Absorbance Range:* The absorbance scale may be calibrated as high as 3.0 A. However, the photometric response is not linear over the whole range [14] and it is customary to set the lower limit of A at 0.1 because of the reduced reliability below this level. The sensitivity and accuracy is best below 1.0 A but, for all practical purposes, it is customary to use the Beckman DU up to 1.8 A, where it is scaled to 0.01 A units, and easily read to 0.001 A. At times useful data have been obtained at or above 2.0 A, though accuracy is limited.

Where sample absorbance is above 1.8, it is customary to dilute the sample. However, when this is due to the cut-off of light by the solvent itself, a 1 mm cell may be used to extend absorbance measurement further into the ultraviolet and the near-infrared region than can be reached with the 1 cm cell (Table 3).

Table 3

*Near-Infrared Absorbance Characteristics of Organic Compounding Ingredients for Rubber Products*

| Trade Name (Chemical Name) | Solvent for Compound (a) | Suitable Weight (b) (gm/100 ml) | Wave Length of Peaks (micron) | Approximate Peak Absorptivity (c) ($a \times 10^3$) |
|---|---|---|---|---|
| *Accelerators:* | | | | |
| MBT | CT | saturated | 2.93 | — |
| (Mercaptobenzothiazole) | CH(d) | saturated | 2.93 | — |
| MBTS | CH | saturated | no selective absorbance | |
| (Mercaptobenzothiazyl- disulfide) | | | | |
| DOTG | CT | saturated | 2.93, 2.85 | — |
| (Diorthotolyl guanidine) | CH | 2.8 | 2.93 | 170 |
| | | | 2.85 | 256 |
| DPG | CT | saturated | 2.93, 2.85, 2.46 | |
| (Diphenyl guanidine) | CH | 2.8 | 2.92 | 195 |
| | | | 2.85 | 285 |
| TPG | CT | 1.9 | 2.93 | 46 |
| (Triphenyl guanidine) | | | 2.46 | 22 |
| | CH | 5.8 | 2.93 | 135 |
| TMTD | CT | saturated | no selective absorbance | |
| (Tetramethyl thiuram | | near | very weak absorbance | |
| disulfide) | CH | saturated | | |
| Ethyl Zimate | | | | |
| (Zinc diethyl dithiocarba- | CT | saturated | no selective absorbance | |
| mate | CH | 6 gm | very weak absorbance | |
| Butyl 8 | CT | 0.5 | 2.77 | 190 |
| (Activated thiaocarbamate | | | | |
| type) | | 4.0 | 2.30 | 22 |
| *Curing Agents and Retarders:* | | | | |
| Sulfur | CS$_2$ | 2.0 | very weak, non-selective absorbance | |
| (crystalline or soluble) | | | | |
| GMF | | Insoluble in available solvents | | |
| (p-Quinonedioxime) | | | | |
| Retarder W | CT | saturated | 2.83 | — |
| (Salicylic acid) | | | | |
| Stearic acid | CT | 3.0 | 2.83 | 30—40(e) |
| | | | 2.31 | 25—30 |
| *Antiozonants:* | | | | |
| DPPD | CT | saturated | 2.92, 2.46 | — |
| (Dipara phenylenediamine) | CH | 4.0 | 2.92 | 146 |
| UOP 88 | CT | 3.5 | 2.94 | 24 |
| (Dioctyl phenylenediamine | | | 2.31 | 23 |

Table 3 (Continuation)

| Trade Name (Chemical Name) | Solvent (a) for Compound | Suitable (b) Weight (gm/100 ml) | Wave Length of Peaks (micron) | Approximate (c) Peak Absorptivity ($a \times 10^3$) |
|---|---|---|---|---|
| *Antioxidants:* | | | | |
| PBNA . . . . . . . . | CT | 1.0 | 2.92 | 62 |
| (Phenyl beta naphthyl- | | 8.0 | 2.46 | 9 |
| amine) | | | | |
| Agerite Stalite . . . . | CT | 3.8 | 2.92 | 24 |
| (Heptylated diphenyl- | | | 2.46 | 16 |
| amine) | | | | |
| BLE . . . . . . . . | CT | 1.2 | 2.92 | 70 |
| (Principally dimethylacri- | (filtered) | 5.0 | 2.46 | 17 |
| dane) | | | | |
| Santoflex DD . . . . . | CT | 3.5 | 2.94 | 20—30 |
| (Dodecyl dihydro tri- | | | 2.31 | 20 |
| methyl quinoline) | | | | |
| Wingstay S . . . . . . | CT | 0.3 | 2.81 | 310 |
| (Styrenated cresols) | | | 2.76 | — |
| Agerite Spar . . . . . | CT | 0.3 | 2.81 | 284 |
| (Styrenated phenol) | | 0.3 | 2.77 | 140 |
| | | 5.0 | 2.46 | 16 |
| p Aminophenol | Insoluble in available solvents | | | |
| *Softeners and Plasticizers:* | | | | |
| Mineral (paraffin) oils | | | | |
| Low aromatic . . . . . | CT | 3.5 | 2.30 | 24 |
| | | | 2.33 | 23 |
| High aromatic . . . . | CT | 5.0 | 2.30 | 18 |
| | | | 2.33 | 16 |
| | | | 2.77 | 6 |
| | | | 2.88 | 9 |
| Pine Tar . . . . . . . | CT | 1.0 | 2.77 | 83 |
| | (filtered) | 1.0 | 2.81 | 82 |
| | | 6.0 | 2.30 | 15 |
| Bardol . . . . . . . . | CT | 7.5 | 2.88 | 12.7 |
| (Coal tar oil) | (filtered) | | 2.77 | 8.5 |
| | | | 2.45 | 7.8 |
| | | | 1.70 | 6.8 |

(a) Carbon tetrachloride (CT) used where soluble. Where solubility limited and saturated solution used, no absorptivity calculated. Used chloroform (CH) over 2800—3200 m$\mu$ range where solubility in CT inadequate. Carbon disulfide used for sulfur only.

(b) Suitable weight to place major peak in 0.8 to 1.0 absorbance range. If saturated solution used, it was prepared by shaking the compound with the solvent at room temperature and filtering. Two concentrations used where absorptivity varies widely.

(c) Approximate not only because of limited number of tests, but because deviation from Beer's law may be present, in which case absorptivity changes with level of absorbance. Absorptivity given to show general level, and is not meant to imply that Beer's law is followed.

(d) Whenever chloroform (CH) was used it was always with a 0.100 cm cell path (9 mm quartz spacer in 10 mm cell), versus an instrument blank of carbon tetrachloride in a 1.0 cm cell. (With CT solvent, a 1.0 cm cell was always used.)

(e) Absorptivity of stearic acid so variable that solution is known not to follow Beer's law. Calibration graph must be used for quantitative work.

*The Blank:* Where an absorptiometric analysis calls for a reagent blank, it is preferable to continue to use solvent alone as the instrument blank and record the small absorbance due to reagents used, which is then subtracted from sample absorbance. In this way any appreciable increase in the blank absorbance due to contamination of glassware, or to instability of reagents will be detected. Also, an error in blank preparation will not then mean a systematic error in all samples in the run, as would be the case if this erroneous blank was used to zero or balance the instrument.

## Calculations

The complexity of calculations increases with the number of components to be determined, and the amount of interfering or background absorbance present.

### a) Single Component With No Interference

The simplest absorptiometric analysis is for a single component in the absence of any interfering absorbance, in which case absorbance is measured directly. This is well illustrated by trace colorimetric analysis for copper, manganese, titanium dioxide, etc., where the reagent blank is colorless and non-absorbing. It is also probably the most frequently used method for ultraviolet analysis of rubber products, where interfering absorbance is eliminated and a single component isolated by some method of separation.

*Direct Absorbance Measurement:* The Bouger-Beer law governing quantitative absorbance [1, 2], also termed the Lambert-Beer law [15, 16], and more popularly, simply Beer's law, may be expressed mathematically as follows:

$$\text{Absorbance (A)} = a\,b\,c \qquad \text{(Equation 1)}$$

With the common cell thickness of 1 cm (b = 1.000) and neglecting variations up to $\pm.005$ cm, equation 1 may then be transposed into the following form:

$$\text{Absorptivity } (a) = A/c \qquad \text{(Equation 2)}.$$

The absorptivity at a given wavelength is a physical constant for a pure compound, much as is the refractive index or specific gravity.

Percent concentration of a single component is then given by a simple ratio of absorptivities:

$$\text{Weight \% } = W\% = \frac{(a) \text{ of sample} \times 100}{(a) \text{ of compound}} = \frac{(a_s)\,100}{(a_c)} \qquad \text{(Equation 3)}.$$

This could conveniently be volume % (V%) concentration for

liquid samples such as solvents if the units for determining absorptivities were in ml/1, but it is conventional to express concentration (c) in g/liter or mg/ml.

Combining equations (2) and (3) yields:

$$\text{Weight \% } = W\% = \frac{(A_s)\,100}{(a_c)\,c} \qquad \text{(Equation 4.)}$$

Where: Sample absorbance ($A_s$) is measured instrumentally, concentration (c) is calculated from the sample weight and volume of solution at the dilution for which A was obtained, and ($a_c$) is a constant that represents the average absorptivity for known concentrations of the chemical compound being determined. Equation 4 is the basic one for determining weight % of compounding materials in masterbatches [10], for accelerators in rubber products after selective solvent extraction [7], and for single antioxidants after chromatographic separation from organic solvent extracts of rubber products.

The peak absorptivity of accelerators and antioxidants, corresponding to $a_c$ in the above equations, will usually range from about 6 to 160, with the maximum observed for oxime curing agents. The data of Table 2 and 3 illustrate typical absorbance characteristics of several rubber additives in the ultraviolet and near-infrared regions.

*Absorbance Ratio:* A ratio (R) of maximum to minimum absorbance, or peak to peak absorbance, is frequently used as proof of identity for a single compound in the absence of appreciable interference. Such a ratio will be a characteristic constant for the material, within the reproducibility possible with the instrument and that is independent of the sample concentration, as long as Beer's law is followed.

*Graphical Methods:* It has long been customary to make simple graphical calculations using a Beer's law plot of measured absorbance (or % Transmittance on a logarithmic scale) versus concentration. Over the concentration range for which the plot follows a straight line, Beer's law will apply. The slope of this linear plot with concentration in units of gm/1 corresponds to average absorptivity ($a$) in Equation 2. Where the plot is a curve showing deviation from Beer's law, it is convenient to use this curve as is for a graphical calculation. Instances of deviation from Beer's law are rare at the low concentrations handled in the ultraviolet spectral region. In the near-infrared region where solvent effects (e. g., hydrogen bonding) may be appreciable, deviation from Beer's law occurs more often.

10*

### b) Single Component With Interference Present

Three possible methods are used to correct for interfering absorbance where Beer's law applies.

a) *Constant Correction.* This is used where the type and intensity of interference is known and is relatively low, with absorbance being obtained at one peak wavelength of the material being determined. An example is correcting for low absorbance of natural rubber in masterbatches where the amount of rubber is known.

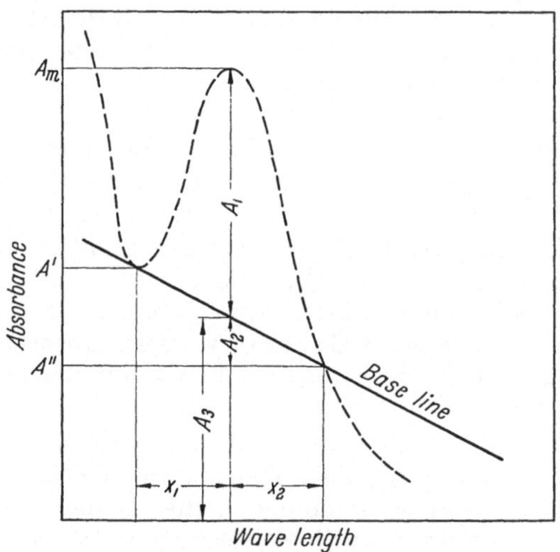


Fig. 3. Simplified base-line technique for elimination of interference of linear background absorbance
——— Base-Line. Sample absorbance limited to that above this line with $A_1$ to be calculated
- - - - - - Reasonably symmetrical absorbance curve in any spectral region

b) *Absorbance Difference Method.* This is used where background absorbance of interference has a negligible slope. So one absorbance of background at any two wavelengths will be comparable, Meehan [17] has applied this method to determine styrene in SBR by ultraviolet absorbance. The fraction (x) of SBR copolymer which is styrene is given by the equation:

$$x = 0.510 \, (a_{260}—a_{275}) — 0.007 \, .$$

Calculations depend on the absorptivity difference, and therefore an absorbance difference, between 260 m$\mu$ and 275 m$\mu$, with a constant correction (0.007) for interference of polybutadiene.

This assumption that there is essentially no slope in the background is seldom justified and may lead to errors, so its application is limited.

c) *Base-Line Method.* This is used where background absorbance has an appreciable slope, and absorbance at three wavelengths is needed to correct for it. An illustration is the method of Banes and Eby for the determination of PBNA antioxidant in SBR [*18*], where the equations derived are applied to a nonsymmetrical maximum, or peak.

A simplified method for mathematical elimination of sloping background is based on the assumption of a symmetrical maximum of peak. This is a practical approach in the ultraviolet region because only in rare instances are there two distinct minima on either side of the selected maxima, and most peaks are reasonably symmetrical.

Two approaches for deriving equations to eliminate sloping background absorbance may be illustrated from the plot of Figure 3. Simplification is achieved by selecting wavelength intervals such that the two wavelengths of minimum or low absorbance are equidistant on either side of the peak wavelength (in Figure 3, $x_1 = x_2$).

To be determined is the value of $A_1$ in Figure 3.

*Approach 1:* $A_3 = \dfrac{(A' + A'')}{2}$ , as long as $x_1 = x_2$

$$A_1 = (A_m - A_3) = A_m - \frac{(A' + A'')}{2}$$

*Approach 2:* By similar triangles in Figure 3 with $x_1 = x_2$:

$$\frac{A_2}{A' - A''} = \frac{x_2}{x_1 + x_2} = \frac{1}{2}$$

$$A_2 = \frac{A' - A''}{2} .$$

$$A_1 = A_m - (A'' + A_2)$$

$$A_1 = A_m - \left(A'' + \frac{A' - A''}{2}\right) .$$

Once $A_1$ is determined, the final equation for both approaches is:

$$W\% = \frac{(A_1)\ 100}{(a_m - a'')\ c\ b} ,$$

where the absorptivity difference $(a_m - a'')$ is that for the compound being determined in the absence of background absorbance. Application of approach 2 to the symmetrical maximum of lead has been used to eliminate the interference by iron when determining lead in rubber products [*19*].

### c) Two Component Mixtures

There are instances in absorptiometric analysis where a preliminary separation of two materials is not possible, or is not as practical as absorptiometric analysis of the two component mixture. This represents a case of mutual interference of two known components, as for a two component accelerator mixture in an accelerator mixture in an accelerator masterbatch [10]. Possible methods of mathematical solution are listed below, the choice of which one to use depending on conditions of the particular analysis, although two or more methods may be equally good in many cases. As the two component analysis is used infrequently for rubber products, only the simple graphical method is describedin detail.

1. *Two simultaneous equations*. This is probably the most widely used method of calculation for absolute concentration as weight percent in the case of mutual interference of two or more components.

For two components, two simultaneous equations are set up to represent the measured absorbance of the sample mixture at two selected wavelengths (1 and 2) for the two components ($x$ and $y$). Assuming Beer's law holds for the mixture (i. e., $A = a\,b\,c$) the following equations will apply:

$$\text{(At wavelength 1)} \quad A_1 = a_{x1}\,c_x + a_{y1}\,c_y$$
$$\text{(At wavelength 2)} \quad A_2 = a_{x2}\,c_x + a_{y2}\,c_y\,.$$

These two equations may be solved analytically, but the algebraic way is preferred.

2. *Graphical Methods*. The need to set up and solve equations for two components may be circumvented by graphical methods where Beer's law holds, and interference is negligible, as in masterbatches, or separated chromatographic fractions containing two components.

Two methods are recommended as simple solutions to the problem which may be applied in many cases. They are limited to problems where the difference in absorbance ratio (R) at two wavelengths, or in the absorptivity at a single wavelength, is appreciable.

a) Plot of ratio of absorbance at two wavelengths ($R = A_1/A_2$) versus concentration to determine the *relative* composition.

b) Plot of absorptivity versus concentration to determine absolute composition (weight of material must be known).

Such plots are illustrated in Figures 4 and 5.

The ratio method determines the relative proportion of the two absorbing materials present, but not the total amount. It has been

used to determine the proportion of two antioxidants in a mixture
by ultraviolet analysis [6], and the proportion of natural and
synthetic SBR in rubber products in the near-infrared region, as

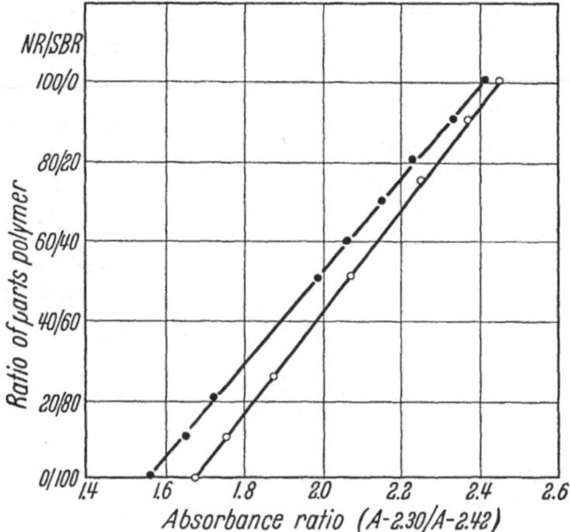


Fig. 4. Near-infrared calibration graph for determining
ratio of parts NR/SBR in rubber products
● ● ● Cured foam rubber with non-black filler,
and loading varying from 10 to 40%.
(Ratio of 1.56 to 2.42)
o o o Cured tire stock formula with 20 to 35%
carbon black loading (Ratio 1.66 to 2.46)

shown in Figure 4 [20]. It should be emphasized that the plot
in Figure 4 is representative of data for several widely varying
compounding formulas in the case of the foam rubber.

The weight percent of each material can then be calculated
after the total amount of the mixture present is determined by
direct absorbance measurement at a crossover wavelength, or by
other means.

The plot of absorptivity in Figure 5 is a rapid method for find-
ing weight percent directly in the absence of any interfering
materials. The wavelengths chosen for which data are plotted are
usually at a peak, but the main requirement for adequate sensitivity is a large difference in the absorptivity of the two materials
being determined. The method has been applied to analysis of
several two component antioxidant and accelerator mixtures, and
to mixtures of the latter with mineral oil anti-dusting agents.

3. *Difference Methods*. Where only two materials are known
to be present it is possible to determine one component by difference uring a direct or indirect approach.

The indirect method means determination of one component (e. g., $x$) where interfering absorbance is negligible and subtracting this figure from 100% to obtain the second component (e. g., $y$) by difference. This is indirect for component $y$ because no actual measurements were made for $y$.

For this reason it is perferable to determine the total amount of both components directly by measuring absorbance at a wavelength where their absorptivities are identical, where this is possible. A plot of the measured absorban ce of the two materials at the same concentration will cross over at the wavelength of equal absorptivity. An appropriate term for this point is the ''crossover'' wavelength. It is customary to plot calculated absorptivity versus wavelength, at any convenient concentration to locate the crossover point.

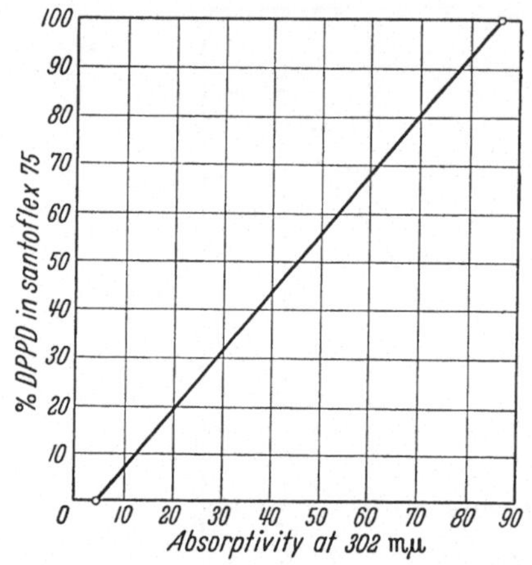


Fig. 5. Two component graphical calculation with absorptivity

Analysis of Santoflex 75 (Monsanto) containing mixture of 75% Santoflex DD (absorptivity 4.6 at 302 mμ) and 25% DPPD (absorptivity 86 at 302 mμ)

If the total amount of materials $x + y$ is determined by absorbance at the crossover wavelength, and material $x$ is also determined by direct absorbance, the difference method will determine material $y$ with greater reliability, because an absorbance measurement was actually made which included $y$.

After determination of the total amount of the two components at the crossover point, the ratio method determining relative proportion can then be coupled with it to calculate the weight percent of the two components present, as has been done for mixed NR/SBR elastomer analysis in the near-infrared [20].

## Absorptiometric Analysis of Organic Materials in Rubber Products

The versatility of the ultraviolet absorptiometric method is not limited to its wide application for the identification of additives in rubber products. It is important that the same absorbance spectra obtained for identification purposes may be used for quantitative analysis after suitable calibration.

**Accelerators.** One of the earliest applications of ultraviolet spectroscopy to analysis of rubber products was reported by DUFRAISSE and co-workers [21, 22, 23] and JARRIJON [24, 25], who used photographic spectroscopy to illustrate the value of the method in studying effects of vulcanization on accelerators.

An early application of the spectrophotometric technique was to routine analysis of accelerator masterbatches [10]. KOCH [26] correlated ultraviolet absorbance and molecular structure of certain accelerators. Its application to identification of all types of common accelerators in rubber products by selective solvent extraction has been described [7]. The extraction procedures used are outlined in figures 6 and 7. BROCK and LOUTH [27] also made use of the ultraviolet technique. The method has been used to identify picrate precipitates of the guanidine accelerators recovered from rubber products by the method of HUMPHRY [28] with greater certainty than by melting point [6].

The relatively small chromatographic fractions of accelerators are often analyzed by the sensitive ultraviolet spectrophotometric method. HILTON and NEWELL [29] have distinguished and reported quantitative determination of thiuram and thiocarbamates. Thiocarbamates as a group are decomposed in alcoholic phosphoric acid in which the Thiuram group is said to be stable, and the carbon disulfide formed is distilled into dimethylamine, with ultraviolet absorptiometric determination of the methyl carbamate produced.

**Antioxidants.** Antioxidants or inhibitors of oxidation or ozone attack are usually added at the 0.1% to 2% level. They must first be separated from other additives, particularly softeners, after which identifications and analysis by ultraviolet absorptiometric methods is a relatively simple matter. Separation has been accomplished by liquid-liquid extraction of alkali extracts of rubber products with ether or chloroform, which will isolate a limited number of antioxidants [27], as the amine type is not particularly soluble in aqueous solutions, as are the accelerators.

However, chromatographic separation on alumina or silica gel by the methods of PARKER, et. al. [30] and BELLAMY, et. al., [31], as well as the paper partition chromatographic method of ZIJP [32] are generally more effective, particularly where mixed antioxidants are used in a rubber product, as is often the case. Although ultraviolet absorbance is the preferred method, the antioxidant may be determined colorimetrically after chromatographic separation [33].

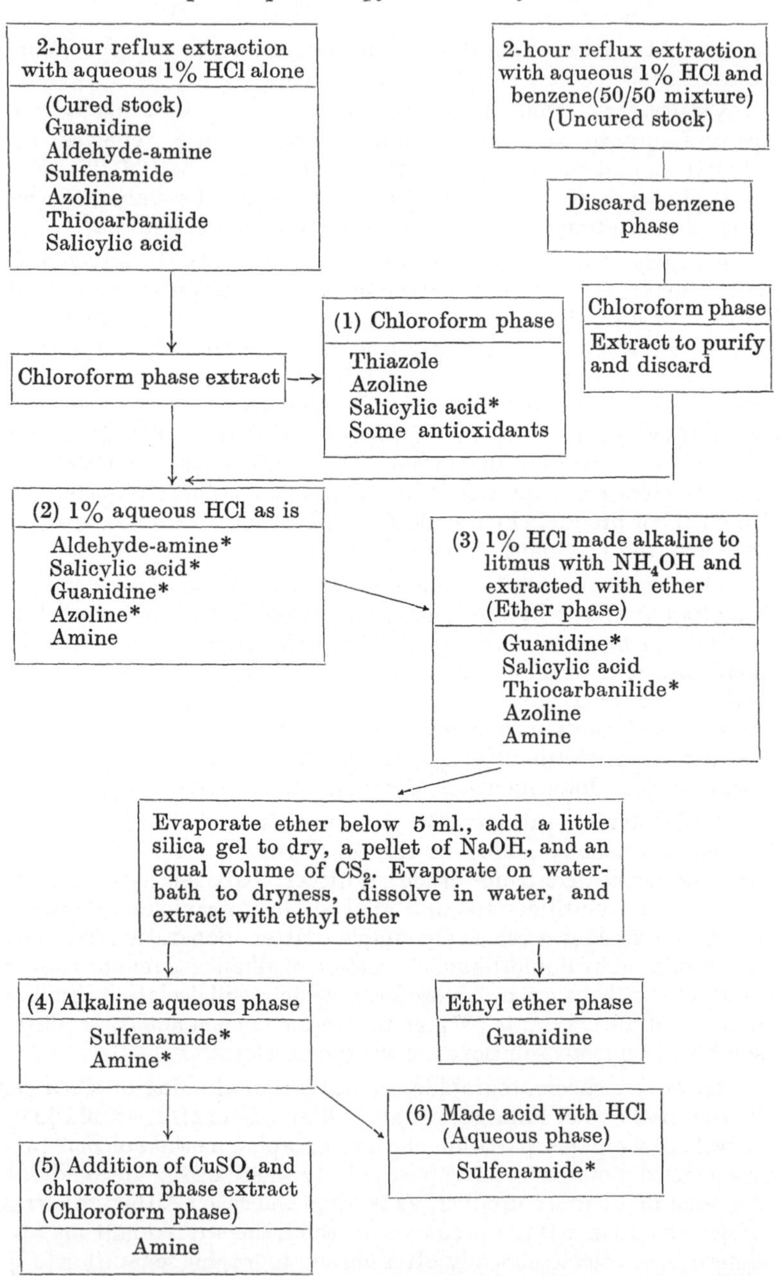


* Major or most reliable test. Other tests are more or less confirmatory and are not always needed for identification.

Fig. 6. Procedure for Accelerator Identification with Acid Extract

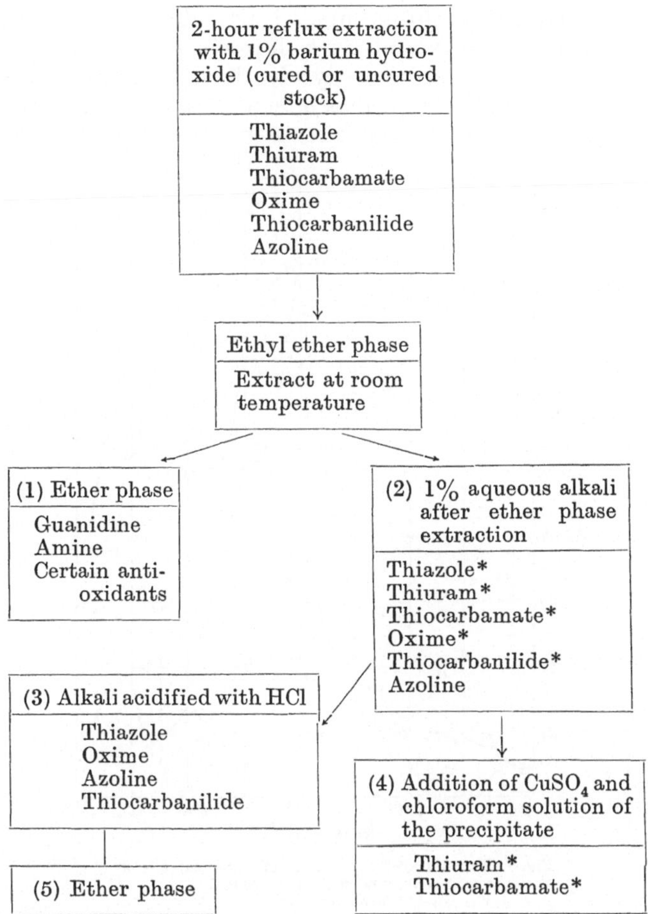


* Major or most reliable test. Other tests are more or less confirmatory and are not always needed for identification.

Fig. 7.  Procedure for accelerator identification with alkali extract

**Softeners and Resins.** Many softeners and resins can be identified after chromatographic separation of solvent extracts. Aromatic softeners of coal tar origin (e. g., the Bardols), aromatic mineral oils and aromatic resins, exhibit characteristic ultraviolet absorbance curves, as do unsaturated pine tar and other resins. However, saturated materials such as hydrogenated rosin and hydrocarbon resins, paraffinic mineral oils and waxes, and materials such as stearic acid have relatively low absorptivity in the ultraviolet region and are more easily identified by near-infrared absorbance. Free sulfur may interfere with softener identification in the ultraviolet, but it is of interest to note that absorbance of

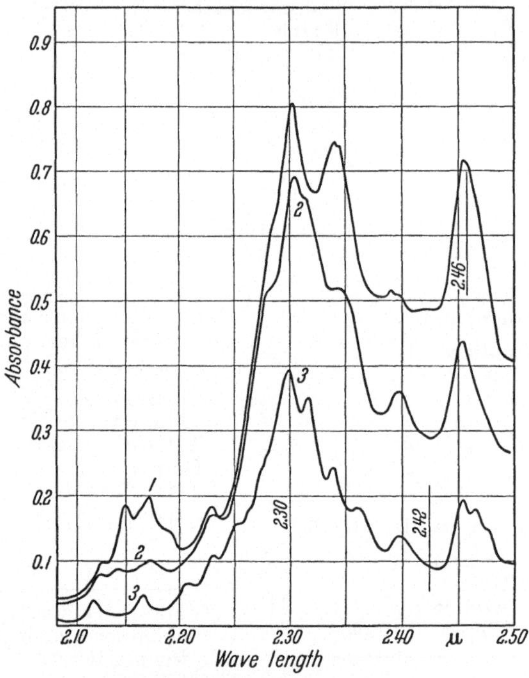

Fig. 8. Near-infrared absorbance of pyrolyzates from
cured compounded rubber products
1. SBR tire tread (300 mg)
2. Natural tire tread (200 mg)
3. Butyl tube (100 mg)
Pyrolyzate collected in 3 ml of perchloroethylene

sulfur in the near-infrared is exceptionally low so its interference in chromatographic fractions analyzed in this region is normally negligible.

**Elastomers.** Identification of single elastomers by ultraviolet spectrophotometry has generally not proved satisfactory, although BURCHFIELD [34] showed that differences exist between the absorbance of the pyrolyzates of natural rubber and SBR. Butyl too has been found to have selective ultraviolet absorbance [6]. The color tests developed by BURCHFIELD, applied as absorbance spectra in the visible region, which were proposed for analysis of natural rubber and SBR or mixtures, are not as reliable or accurate as the chromic acid chemical method for natural rubber, described elsewhere in this volume. Consequently, identification of elastomers has centered on the infrared.

Only recently has the near-infrared absorbance of pyrolyzates been used for identification of polymers, including common elastomers, by BROCK and LOUTH [35]. Application of the near-infrared to solvent solutions of the polymer has been to identify chlorinated rubber (rubber hydrochloride) in cement formulations [6], where pyrolysis is unsuitable. Application of the rock salt infrared region is treated in a later section.

The majority of elastomers for rubber product analysis are now mixed NR and SBR. The fact that pyrolysis could be made reliable enough for quantitative analysis of total polymer content in a rubber product, as well as the polymer ratio of such mixtures, has been demonstrated using near-infrared spectrophotometry [20]. A simple disposable all glass pyrolysis set-up is used which retains solvent soluble gaseous pyrolysis products as well as the liquid pyrolyzates. This near-infrared technique has been used for some time to analyze mixtures of NR, SBR and Butyl on a routine basis. Accuracy and reliability for the NR/SBR mixtures is comparable to available chemical methods, but the infrared analysis is much more rapid, and offers the advantages of a direct method for SBR.

### Absorptiometric Analysis of NR/SBR Mixtures of Cured Rubber Products in the Near-Infrared

*Principle:* The solvent extracted sample is heated in an all glass apparatus to pyrolyze the elastomer quantitatively into a transparent solvent. An absorbance ratio in the near-infrared determines proportion of NR/SBR, and absorptivity at a crossover wavelength determines total polymer.

*Apparatus:* Recording near-infrared spectrophotometer, with matched quartz cells. $10 \times 70$ mm test tubes, disposable soft glass. Blast lamp for oxygen-natural gas operation with narrow orifice. Conventional rapid reflux solvent extraction apparatus. Balance weighing to 0.01 mg.

*Reagents:* Methyl ethyl ketone, for extracting cured rubber products. Acetone, for extracting uncured samples. Perchloroethylene, technical grade.

*Procedure:* About 250 mg of the cured rubber product is extracted with methyl ethyl ketone for 30 min. by the rapid reflux method, then dried to remove *all* solvent. Place in a $10 \times 70$ mm disposable soft glass test tube. Draw out the top third of the tube over a blast lamp to a capillary about 1/16 inch in diameter, bending the capillary to a 60° angle near the tube, then cut off at about 5 inches length. Immerse the capillary arm to the bottom of a second $10 \times 70$ mm tube containing exactly 3.0 ml (pipet) of perchloroethylene.

Heat the sample over a gas flame for about 5 min. to completely pyrolyze the polymer, including final gentle heating of the capillary all the way to its tip to force quantitative recovery. Place a wad of filter paper pulp in the top half of the sample tube and filter the perchloroethylene solution into a clean test tube, or directly into the 1 cm quartz spectrophotometer cell.

Obtain a near-infrared spectral curve over the region of interest, limiting it to the 2.50 to 2.20 $\mu$ region, and keep peak absorbance below 1.0 for accurate analysis.

The proportion or ratio of parts NR/SBR in 100 parts of polymer can be calculated from an absorbance ratio of the peak absorbance near 2.30 $\mu$ to the minimum absorbance near 2.42 $\mu$, following a calibration graph similar to Figure 4.

Absorptivity at the minimum near 2.42 $\mu$ determines the total amount of both polymers present in a mixture:

$$\% \text{ total polymer hydrocarbon } (\%\text{TPH}) = \frac{A_{min} \,(\text{ca. } 2.42) \times 0.41}{\text{mg sample}}$$

Wt. % NR = %TPH $\times$ parts NR
Wt. % SRB = %TPH $\times$ parts SBR
*Note:* The minimum near 2.42 $\mu$ is a crossover point where cured polymers of NR, SBR and Butyl have nearly identical absorptivities.

Separate calibration graphs are required for raw polymers, inorganic filler loaded compounds (e. g., foams) and carbon black loaded rubber products. The cure should be better than half the optimum for the compound, which is easily met by commercial rubber products.

**Monomers.** Determination of type and amount of monomer present in a copolymer in rubber products is more difficult than for a raw synthetic polymer because of the separation problem.

BROCK and LOUTH [35] have worked in the near-infrared region to identify the monomer in copolymers, and the same region hasbeen used to determine acrylonitrile and styrene monomer [20]. The latter can be determined even if natural rubber is mixed with the SBR.

Terpolymers of styrene-butadiene (SBR) containing acrylate and phenolic modifications may be distinguished from regular SBR by near-infrared analysis of pyrolyzates [6].

The reliabitily and simplicity of pyrolysis is such that it is recommended for analysis of all rubber products except the chlorinated elastomers, where the polymer undergoes chemical decomposition on pyrolysis to a degree that near-infrared absorbance is relatively weak and not characteristic.

The application of ultraviolet spectra to determining monomers in compounded polymer pyrolyzates seems largely limited to aromatic monomers. It has been used to identify vinyl pyridine as a monomer in a copolymer with butadiene in tire treads [6], where the near-infrared has proved unsatisfactory because of lack of characteristic absorbance.

## Absorptiometric Analysis of Minerals, Sulfur and Carbon Black

Several inorganic or elemental additives compounded in rubber products have only recently been identified and determined by the absorptiometric method. Ultraviolet absorbance has been used to determine lead as the chloride complex [19], to determine total sulfur similarly after its recovery as lead sulfate [36], and to determine zinc added as zinc oxide using the sodium diethyl dithiocarbamate reagent long used for determination of traces of copper in rubber [11]. Identification of the many types of elemental carbon used in compounding rubber products by what is essentially an absorptiometric method has been reported by FIORENZA[ 12], with further studies by VOET [13].

An advantage of these sensitive absorptiometric micro methods for lead, sulfur and zinc is the safe routine use of perchloric acid to wet oxidize the rubber products with a sample of less than 10 mg, using conventional absorptiometric techniques on the residue with no tedious micro manipulations.

The sodium diethyl-dithiocarbamate reagent has been used to identify and determine cobalt and selenium in rubber products [6] using absorbance in the ultraviolet region, and is applicable to the determination of nickel where it is added as a thiocarbamate inhibitor (NBR) in Neoprene compounds. Though the carbamates of nickel, cobalt and selenium are colored, they are commonly determined in the more sensitive ultraviolet spectral region below 400 m$\mu$. Differences in their ultraviolet absorbance spectra are characteristic enough to make positive identification an easy matter, and also make possible the simultaneous determination of more than one of these elements in a mixture [37]. As the zinc and lead carbamates are white, they must of necessity be determined in the ultraviolet region. Copper added as a thiocarbamate accelerator (Cumate) would be determined in the visible region. A turbidimetric procedure for zinc in rubber products has also been reported [11].

The use of absorptiometric analysis with 1:1 hydrochloric acid reagent should prove ideal for determining antimony when antimony sulfide is used in rubber products. It would also be an excellent method for determining bismuth when the thiocarbamate salt (Bismate) is used as an accelerator [19].

### Identification of Type Carbon Black in Rubber Products by Absorptiometric Measurements (after Fiorenza)

*Principle:* After solution of the rubber sample in hot mineral oil, and further grinding to disperse the black, a suspension of the black in a solution of rubber in benzene is prepared and absorbance is measured at two wavelengths in the visible region.

*Apparatus:* Spectrophotometer for operation in visible region. Balance weighing to 0.01 mg or better. Two flat optically ground glass plates of a size to be held in the hand, or a ground glass plate and a hand muller of small size.

100 ml volumetric flasks.

Glass funnel.

*Reagents:* Mineral oil, colorless grade.

Benzene.

First latex crepe rubber.

*Procedure:* Determine percent black present by conventional methods if unknown. Weigh a quantity of uncured or cured stock such that $1.0 \pm 0.01$ mg of carbon black is weighed in each sample. Place in a small watch glass with 8 to 10 drops of paraffin oil and heat in oven at 180° C for about 2 hrs.

Using a small quantity of benzene, transfer all the dispersion to the center of an optically flat ground glass plate. Cover with a second ground glass plate, hold one plate in each hand and carefully rub the upper plate on the lower one in a reproducible manner to disperse the black in the oil, being careful not to lose any of the black.

Wash the resultant dispersion from the glass plate into a 100 ml volumetric flask with a 1% solution of first latex crepe rubber in benzene, using a funnel to carefully collect all of the black, and dilute to volume. Measure absorbance at 430 and 750 m$\mu$, using 1% rubber solution as the blank. Calculate color index ($I_c$) as follows:

$$I = A\ 430\ \mathrm{m}\mu / A\ 750\ \mathrm{m}\mu .$$

*Note:* Mechanical dispersion of the black may be used, but the "between glass plates" method gave superior dispersions. The mineral oil solution method was suitable for natural, SBR and Butyl rubber in vulcanized rubber products.

The color indices ($I_c$) for the most common commercially available rubber grade blacks are as follows:

| *Thermal Blacks* | *Furnace Blacks* | | *Channel Blacks* |
|---|---|---|---|
| MT — 1.03 | SRF — 1.15 | FEF — 1.21 | EPC — 1.68 |
| FT — 1.12 | HMF — 1.27 | FF — 1.37 | MPC — 1.74 |
| | HAF — 1.46 | CF — 1.52 | HPC — 1.80 |
| | 1.41 | SAF — 1.65 | |
| | ISAF — 1.53 | | |

Precision of $I_c$ measurement on the same sample is $\pm 0.01$ unit on the average. However, normal variation for different samples of MCP blacks, was considered to be $1.71 \pm 0.05$.

VOET [13] has shown that Beer's law is followed for dispersions in mineral oil of 0.001% to 0.01% by weight of carbon black over the ultraviolet, visible and nearinfrared regions (115 m$\mu$ to 2.4 $\mu$). However, measurements in the ultraviolet and near-infrared provided no more positive identification of the rubber grade blacks than is obtained by absorbance in the visible region as outlined above.

The identification of antioxidants, accelerators and sulfur which bloom to the surface of rubber products is greatly simplified by the very sensitive ultraviolet spectra. Solution of factory processing problems related to poor despersion of such materials is also made easier and more reliable by ultraviolet spectrophotometry.

Both ultraviolet and near -infrared spectra are applied to the identification of solvents in rubber cements. The ultraviolet is particularly useful for aromatics [1], whereas near-infrared is useful for these and for other hydrocarbon solvents commonly used in rubber cements. Standard near-infrared curves of many common solvents are obtainable from Beckman Instruments Inc., Fullerton, Calif., U.S.A.

## Analytical Application of the Rock-Salt Infrared Spectral Region to Rubber Products

The limited application of the versatile rock-salt infrared spectrophotometer in the past has been mainly due to the high cost of the complex instrument. Only recently have rock-salt infrared spectrophotometers been marketed at a price competitive with the recording ultraviolet spectrophotometer.

The technique in the region from 200 m$\mu$ up to 3.5 $\mu$ is considerably simpler than in the 3.2 to 14 $\mu$ rock-salt region because quartz optics and fixed cell paths are used, and solvents are available that are transparent over the entire ultraviolet and near-infrared regions.

Also, it is often possible to obtain positive identification using a recording instrument in the more limited ultraviolet spectral region (0.2—0.4 $\mu$), or in the near-infrared from 2 to 3.2 $\mu$ (most useful region normally), in a fraction of the time required for a complete infrared spectrum from 3.2 to 14 $\mu$.

The more specific nature of infrared spectra, with many characteristic absorbance peaks, is a definite advantage of the rock-salt region. On the other hand, the greater sensitivity of the ultraviolet absorption is of advantage when analyzing for very small amounts of ingredients in rubber products.

The rock-salt infrared region is about five times more sensitive at peak absorbance than the near-infrared region in many applications. The rock-salt prism instrument has been successfully applied to the analysis of rubber products, and particularly to the identification of the elastomers for which the ultraviolet has proved of limited use.

## Analysis of Elastomers

**Sample Preparation.** Attempts to obtain infrared spectra on thin microtomed sections of black loaded rubber products have been described [*38, 39*], but scattering absorption due to the carbon black or other fillers makes it preferable to use other methods incorporating a procedure for separating the filler from the elastomer. Typical procedures involving solution of the elastomer call for refluxing of the previously extracted stock in p-cymene and xylene solvent mixture [*38*] or in ortho-dichlorobenzene [*40*] to dissolve the elastomer, which is then separated by filtration after dilution with non-polar solvents (e. g., hexane) to flocculate the black.

Many workers have used films of the polymer deposited on a rocksalt plate from benzene or other suitable solvent [*41, 42, 43*] or simply a smear of the swollen rubber residue obtained on solvent evaporation [*38*], or a "sandwich" between rock salt plates with a spacer of known thickness [*40*]. Others have used a solution of the uncured elastomer in carbon disulfide [*44, 45, 46*] or carbon tetrachloride [*47*].

However, the simplest procedure for preparing compounded rubber products for infrared examination, particularly when vulcanized, is pyrolysis of the elastomer to distill it away from the black and other fillers. The liquid pyrolyzate is conveniently analyzed in a cell with a spacer of known thickness between rock salt plates. For qualitative analysis the pyrolysis technique can be very simple, involving heating the sample in the bottom of a test tube over a burner flame and collecting the liquid pyrolyzate that condenses on the colder walls of the tube [*47a*]. Use of smaller test tubes in an aluminium heating block to promote uniform heating with the burner, and collection of the pyrolyzate in carbon tetrachloride has been described [*48*].

The pyrolysis or destructive destillation of vulcanized rubber in air, or in a vacuum below 325° C [*49*], does not normally yield much monomer, but results in the formation of lower molecular weight liquid fragments of the originally solid polymer. Variation in molecular weight does not normally affect the infrared spectra [*47, 39*]. Consequently, the infrared absorbance differences found to be characteristic of the polymers in solution are largely reproduced by their pyrolyzates, with the exception of chlorinated elastomers where the molecular units are destroyed upon pyrolysis. Even vulcanization does not greatly alter the spectra of an elastomer film or pyrolyzate [*50*]. The excellent reproducibility of the pyrolysis technique has only recently been realized with its application to quantitative analysis of mixed natural and SBR in rubber products [51, 52].

**Qualitative Identification.** Although applications of the rocksalt infrared region have largely been centered in the study of factors affecting the molecular structure of elastomers, much has been learned in the course of such work which may be applied to their identification.

Infrared spectra of films or solutions will readily distinguish all the common synthetic elastomers, as is clear from the many published spectra of DINSMORE and SMITH [40], THOMPSON and TORKINGTON [53] and BARNES, et. al. [38]. It will also readily distinguish the monomer from the polymer or copolymers [54].

Spectra of natural rubber and Neoprene films are quite similar, but they may be distinguished from other elastomers by the broad band present at about 12 $\mu$ [40]. Considerable infrared work has been done with chlorinated natural rubber, which shows significant differences in spectra at varying degress of chlorination [47, 55, 43]. The effect of hydrogenation in reducing the unsaturation of natural rubber to produce "hydrorubber" is clearly evident in films of the product as a reduction of absorbance peaks in the 6 $\mu$ to 10—11 $\mu$ spectral regions [56, 53].

One of the earliest publications concerning infrared analysis of elastomers reports that spectra of gutta percha and balata resemble each other very closely, and also resemble natural rubber below 10 $\mu$ [57]. However, the two types of natural elastomers produced by plants may be readily distinguished by differences in their absorbance near 12.0 $\mu$ where the absorptivity of natural rubber is much higher than that of gutta hydrocarbons [42].

Distinguishing the copolymers of butadiene with varying amounts of styrene [26], vinyl pyridine [41] and acrylonitrile [40] is a simple matter by infrared spectroscopy. In fact, there are differences which will distinguish low temperature polymer (cold SBR) from the high temperature (hot SBR) product [45].

**Quantitative Analysis.** Analysis for bound monomer in butadiene copolymers by infrared spectra of the polymer solutions has been reported by several investigators. Styrene has been determined in carbon disulfide solutions of SBR [44, 45, 46]. Variation of infrared spectra of SBR pyrolyzates with styrene content has been mentioned [47]. Acrylonitrile at the 0—50% range in nitrile rubbers was determined in spread films by an absorbance ratio method (A at 4.47 $\mu$/A at 3.50 $\mu$ versus concentration of acrylonitrile) [40]. Semi-quantitative analysis of the easily prepared pyrolyzate of nitrile rubber with absorbance measured directly at 4.48 $\mu$ determining the acrylonitrile content has been reported [58].

Quantitative infrared analysis of mixed NR/SBR in rubber products makes use of an absorbance ratio which is independent of total sample concentration. In this way the thickness of a polymer smear or film need not be known. Difference in the spectra of NR and SBR are great enough so that absorbance ratios in two wavelength regions of the infrared spectrum may be used for analysis of such mixtures, though accuracy with smears of uncontrolled thickness is limited to 5 to 10% [38].

Improved accuracy was obtained by selecting a common medium intensity band present in both NR and SBR spectra at comparable intensity in both as an "internal standard wavelength". This is comparable to the "crossover" wavelength, which is the proposed term for the wavelength where absorptivity is the same for any two materials. Ratios of absorbance of characteristic peaks of NR (7.25 $\mu$) and SBR (6.70 $\mu$) to absorbance measured at the internal standard wavelength (7.60 $\mu$) were found to vary linearly with the composition of the NR/SBR mixtures for 0% to 100% of either material. Quantitative accuracy expressed as an average deviation of 1% was said to be generally obtainable in applications of the method to mixtures of high quality NR/SBR stocks [40].

The most recent development in the rock-salt infrared region has been the application of a pyrolsris technique to mixtures of NR and SBR in cured rubber products. An absorbance ratio obtained on the liquid pyrolyzate fraction in a cell with rock salt windows showed a linear correlation with composition of the mixed NR and SBR polymers [52].

Ratio of absorbance has been used to determine the proportion of NR in mixtures with SBR by the solution and pyrolysis methods. However, the infrared technique was never used to quantitatively determine the weight percent total polymer hydrocarbon, or weight percent NR or SBR in a rubber product, until its recent application in the near-infrared region [51]. This is significant because it makes possible the simultaneous determination of the total amount of elastomers in a rubber product, as well as the composition of mixed elastomers.

### Analysis for Compounding Ingredients

The first reported application of infrared absorptiometric analysis to rubber compounding ingredients was the 1945 data of SHEPPARD and SUTHERLAND [*39*], who illustrated absorbance spectra of Santocure accelerator, stearic acid and zinc stearate. It was recognized at the time that direct absorbance measurements on the polymer, or on the solvent extract of the polymer, resulted in spectra too complex to be readily interpreted.

Extensive application of the rock salt infrared region to analysis of rubber products for antioxidants and accelerators was reported by MANN [*59*]. Many characteristic differences in infrared spectra of thiazole, thiuram, thiocarbamate, xanthate, guanidine and aldehyde-amine accelerators and some antioxidants were noted in the 700—1700 cm$^{-1}$ range for mulls of the materials in mineral oil. However, the lack of suitable transparent solvents for accelerators, the need to concentrate the trace materials, and the necessary chromatographic separation of the accelerators and antioxidants from softeners, etc. complicates quantitative infrared analysis. The superior sensitivity of ultraviolet spectroscopy was considered a definite advantage of this method by MANN. Even so, the great selectivity of published spectra indicate that the rock salt infrared analysis should prove to be more specific than analysis in the ultraviolet and near-infrared regions.

## Bibliography


[*1*] FRIEDEL, R. A., and M. ORCHIN: Ultraviolet Spectra of Aromatic Compounds, 579 spectra. New York City, U.S.A.: John Wiley and Sons.

[*2*] MELLON, M. G.: Analytical Absorption Spectroscopy, 618 p., New York City, U.S.A., John Wiley and Sons.

[*3*] KAYE, W. I.: Spectrochimica Acta, Part I — 6, 257 (1954); Ibid. Part II — 7, 181 (1955).

[*4*] MEES, F. G.: Stevens, unpublished work.

[*5*] O'CONNER, R. T.: Jour. Amer. Oil Chem. Soc. 33, 1 (1956).

[*6*] KRESS, K. E.: unpublished work.

[*7*] KRESS, K. E., and F. G. MEES STEVENS: Anal. Chem. 27, 528 (1955); Rubber Chem. Techn. 29, 319 (1956).

[*8*] KRESS, K. E., and F. G. MEES STEVENS: ,,Chemical and Spectrophotometric Methods of Guanidine Accelerator Analysis'', unpublished (1950).

[*9*] WADELIN, C. W.: Anal. Chem. 28, 1530 (1956).

[*10*] KRESS, K. E.: Anal. Chem. 23, 313 (1951).

[*11*] KRESS, K. E.: Anal. Chem. 30, 432 (1958).

[*12*] FIORENZA, A.: Rubber Age, N. Y., 80, 69 (1956).

[*13*] VOET, A.: Rubber Age, N. Y. 82, 657 (1958).

[*14*] VANDENBELT, J. M., J. FORSYTH, and A. GARRETT: Anal. Chem. 17, 235 (1945).

[*15*] BRODE, W. R.: Chemical Spectroscopy, Second Ed., (1943), New York City, U.S.A.: John Wiley and Sons.

[*16*] LOTHIAN, G. F.: Absorption Spectrophotometry, 196 p. London, England: Hilger and Watts, Ltd. 1949.

[*17*] Meehan, E. J: Jour. Polymer Science, **1**, 175 (1946); Rubber Chem. Techn. **19**, 1077 (1946).
[*18*] Banes, F. W., and L. T. Eby: Ind. Eng. Chem., Anal. Ed., **18**, 535 (1946); Rubber Chem. Tech. **20**, 55 (1947).
[*19*] Kress, K. E.: Anal. Chem. **29**, 803 (1957).
[*20*] Kress, K. E.: "The Quantitative Absorptiometric Determination of Elastomers in Rubber Products", application of near-infrared, to be published in Anal. Chem.
[*21*] Dufraisee, C., and J. Houpillart: Rev. gen. Caoutchouc **16**, 44 (1939); Chem. Abstracts **33**, 9043.3 (1939).
[*22*] Dufraisee, C., and J. Houpillart: Rev. gen. Cauotchouc, **19**, 207 (1942); Rubber Chem. Techn. **19**, 1051 (1946).
[*23*] Dufraisee, C., and A. Jarrijon: Compt. rend. **215**, 181 (1942); Rubber Chem. Tech. **17**, 941 (1944).
[*24*] Jarrijon, A.: Rev. gen. Caoutchouc **18**, 217 (1941); Chem. Abstracts **37**, 2955.7 (1943).
[*25*] Jarrijon, A.: Rev. gen. Caoutchouc **20**, 155, 177 (1943); Rubber Chem. Tech. **19**, 1061 (1946).
[*26*] Koch, H. P.: Jour. Chem. Soc. **92**, 401 (1949).
[*27*] Brock, M. J., and G. D. Louth: Anal. Chem. **27**, 1575 (1955); Rubber Chem. Tech. **29**, 635 (1956).
[*28*] Humphry, B. J.: Anal. Ed., Ind. Eng. Chem., **8**, 153 (1936).
[*29*] Hilton, C. L., and J. E. Newell: Rubber Age, **83**, 981 (1958).
[*30*] Parker, C. A., and J. M. Berriman: Trans. I.R.I. **28**, 279 (1952); Ibid. **30**, 69 (1954); Rubber Chem. Tech. **26**, 449 (1953).
[*31*] Bellamy, L. J., J. H. Lawrie, and E. W. S. Press: Trans. I.R.I., **22**, 308 (1947); Rubber Chem. Tech. **21**, 195, 734 (1948).
[*32*] Zijp, J. W. H.: Recueil **75**, 1053, 1060, 1129, 115 (1956).
[*33*] Zijp, J. W. H.: Recueil **77**, 129 (1958).
[*34*] Burchfield, H. P.: Ind. Eng. Chem., Anal. Ed. **17**, 806 (1945); Rubber Chem. Tech. **19**, 832 (1946).
[*35*] Brock, M. J., and G. D. Louth: "The Identifification of Polymers and Polymer Mixtures", application of Near-Infrared, to be published in Anal. Chem.
[*36*] Kress, K. E.: Anal. Chem. **27**, 1618 (1955); Rubber Chem. Tech. **29**, 620 (1956).
[*37*] Chilton, J. M.: Anal. Chem. **25**, 1274 (1953); Ibid. **26**, 940 (1595).
[*38*] Barnes, R. B., V. Z. Williams, A. R. Davis, and P. Giesecke: Ind. Eng. Chem., Anal. Ed., **16**, 9 (1944); Rubber Chem. Tech., **17**, 253 (1944); correction in Rubber Chem. Tech. **17**, 757 (1944).
[*39*] Sheppard, N., and G. B. B. M. Sutherland: Trans. Faraday Soc., **41**, 261 (1945); Rubber Chem. Tech. **19**, 66 (1946).
[*40*] Dinsmore, H. L., and D. C. Smith: Anal. Chem. **20**, 11 (1948).
[*41*] Field, J. E., D. E. Woodford, and S. D. Gehman, Jour. Applied Physics, **17**, 386 (1946); Rubber Chem. Tech. **19**, 1113 (1946).
[*42*] Hendricks, S. B., S. G. Wildman, and E. J. Jones: Arch. of Biochem. **7**, 427 (1945); Rubber Chem. Tech. **19**, 501 (1946).
[*43*] Troussier, M.: Rev. gen. Caoutchouc **32**, 229 (1955); Rubber Chem. Technol. **29**, 302 (1956).
[*44*] Binder, J. L.: Anal. Chem. **26**, 1877 (1954).
[*45*] Hart, E. J., and A. W. Meyer: Jour. A.C.S. **71**, 1980 (1949); Rubber Chem. Tech. **23**, 98 (1950).
[*46*] Nielsen, L. E., R. Buchdahl, and G. C. Claver: Ind. Eng. Chem., **43**, 341 (1951); Rubber Chem. Techn. **24**, 574 (1951).

[*47*] ALLIROT, R., and L. ORSINI: Revue gen. Caoutchouc, **30**, 42 (1953); Rubber Chem. Tech. **26**, 411 (1953).

[*47a*] HARMS, D. L.: Anal. Chem. **25**, 1140 (1953).

[*48*] KRUSE, P. F., Jr., u. W. B. WALLACE: Anal. Chem. **25**, 1156 (1953).

[*49*] STRAUS, S., and MADORSKY: Ind. Eng. Chem. **48**, 1212 (1956).

[*50*] SHEPPARD, N., and G. B. M. SUTHERLAND: Jour. of Chem. Soc., 1699 (1947); Rubber Chem. Tech. **21**, 799 (1948).

[*51*] KRESS, K. E.: to be published in Anal. Chem.

[*52*] TRYON, M., E. HOROWITZ, and J. MANDEL: Jour Research, Natl. Bur. Standards **55**, 219 (1955).

[*53*] THOMPSON, H. W., and P. TORKINGTON: Trans. Faraday Soc. **41**, 246 (1945); Rubber Chem. Techn. **19**, 46 (1946).

[*54*] BARNES, R. B., U. LIDDEL, and V. Z. WILLIAMS: Ind. Eng. Chem., Anal. Ed. **15**, 83 (1943); Rubber Chem. Tech. **16**, 634 (1943).

[*55*] SALOMON, G., and A. C. VAN DER SCHEE: Jour. Polymer Sci. **14**, 287 (1954); Rubber Chem. Tech. **28**, 224 (1955).

[*56*] JONES, R. V., C. W. MOBERLY, and W. B. REYNOLDS: Ind. Eng. Chem. **45**, 1117 (1953); Rubber Chem. Tech. **27**, 74 (1954).

[*57*] STAIR, R., and W. W. COBLENTZ: Jour. Research Natl. Bur. Standards **15**, 295 (1935).

[*58*] BENTLEY, F. F., and G. RAPPARORT: Anal. Chem. **26**, 1980 (1954).

[*59*] MANN, J.: Trans. Inst. Rubber Ind. **27**, 232 (1951); Rubber Chem. Tech. **25**, 350 (1952).

# Sachverzeichnis